80

AI社会の歩き方

人工知能とどう付き合うか

江間有沙 著

DOJIN SENSHO

はじめに

「人工知能（ＡＩ）と社会」に関する地図が欲しい。それが、本書を書き始めたきっかけでした。

現在、人工知能技術と法、経済、倫理、ビジネスなどに関する書籍が多く出版されています。その中で、本書は「Behind（ビハインド）」をキーワードに『ＡＩ社会の歩き方』を紹介します。ここでのBehindには、三つの意味を込めています。

一つは人工知能という概念やその技術の背景には、さまざまな要素が〝隠れている〟ことです。技術は単体では存在しません。見えにくいですが、社会や制度、人々の価値観などとのネットワークの中で形成されています。現在の人工知能ブームではとかく技術が全面に取り上げられ、その他の要素は〝背後〟に追いやられがちです。しかし、実はそここそが見なければならない要素です。また、現在のさまざまな問題の本質は〝技術以前〟あるいは〝技術ではない別の要因〟に根差すことも多いのです。本書ではその〝背後〟の要因、かつそこでのさまざまな人たちの研究や活動といった「舞台裏（behind the scenes）」に光を当てます。

次に、日本でもスポーツなどで〝負けている〟〝劣勢に立たされている〟ときに「ビハインド」と表現することがあります。現在、人工知能技術をめぐる競争において日本は「人工知能後進国」「技術的には二周遅れ」などといわれています。データを大量に保持している米中の巨大ＩＴ企業に対し、日本はどのような戦略をもつべきかなどが、政策的な課題としても取り上げられています。一方、技術は遅れていない、出口戦略である社会実装がうまくいってないのだという声もあります。社会実装ができていないということは、それに付随して生じるさまざまな社会的な懸念や制度設計、人々の価値観調査なども遅れかねません。これに対して、産学官民多様なステイクホルダーが協力するためのしくみづくりが行われています。本書では異分野・異業種の人たちとの対話を促進する人や場にも焦点を当てます。

最後に、behindは〝後ろは任せろ〟のように、誰かの味方をする、支持をするときにも使われます。何かにチャレンジするときに、「I'm behind you（応援しているよ）」の一言があるだけで、頑張れることもあります。現在、私たちの社会はさまざまな課題に直面しています。このとき、人工知能をはじめとするさまざまな技術や制度が、私たちをサポートしてくれることで助けられることもあります。ただ、近年では機能を発揮するために人間が機械に合わせる、依存するといった傾向も見られます。人と機械の関係性、どのように付き合っていくかを本書では考えていきます。

社会や技術をつくっているのは人です。本書では、「人工知能と社会」というテーマで、どんな人やコミュニティが何を議論しているのか、その舞台裏も含めて整理します。本書の最後には簡単な地図を掲載しています。今、誰がどんな議論をしているか、今後どのような議論が重要になってくるのかを知りたい人の道先案内図になれば幸いです。

本書の視点〜STSという学問領域〜

最初に少しだけ私の学術的な背景を紹介します。

私の研究の専門領域はSTSです。STSはScience and Technology Studiesもしくは Science, Technology and Society の略称であり、日本語では「科学技術社会論」と訳されます。英語の略称が二つあるのには理由があります。STSは社会の中で埋もれて見えなくなってしまう課題を指摘する学問（studies）的側面をもつと同時に、その課題への対策を社会（society）に働きかける側面をもっています。各研究者はこの二つのバランスを取りながら活動をしています。

学問（studies）としてSTS研究者が扱うテーマは多様です。私は人工知能をはじめとする情報通信技術が対象ですが、エネルギー関係、再生医療や遺伝子組換えなどの生命科学、環境や生態系、ナノテクノロジー、都市計画などを扱う研究者もいます。

社会（society）への働きかけにもさまざまな方法があります。理科教育のように、学校や公開講座を通して科学技術の知見を提供する活動もあれば、科学コミュニケーションのように双方向の学びを推進する活動もあります。また、科学技術の評価や分析による科学技術政策への提言活動もあります。

研究スタイルも研究者によって異なります。歴史資料や政策文書などの文献調査もあれば、フィールド調査やインタビュー調査などの質的調査、アンケートなどの統計的調査など複数の調査法を組み合わせて使う研究者もいます。そのため工学、医学、理学、社会学、人類学、社会心理学、教育学、経営学など、さまざまな分野の人たちが活躍する複合領域です。

鍵となる概念の紹介

ＳＴＳの鍵となる概念は数多くありますが、ここでは三つだけ、本書が大事にしている視点を紹介します。

・科学技術と社会の相互作用

科学技術と社会の関係をどのように捉えたらよいでしょうか。

「技術は、社会に影響されず独立に発展する」という考え方があります。あるいは「技術が社会を変化、形成する」と技術の影響を強く捉える考え方もあります。技術がそれ自体で方向性を決定づける、あるいは技術自体が社会のあり方を決定づけるということで、「技術決定論的

（Technological Determinism）」な語り口と呼ばれます。[1]

近年でも、ケヴィン・ケリー氏が『〈インターネット〉の次に来るもの』（NHK出版）で「テクノロジーのシステムは文化の進む方向を少しずつ確実に曲げて」いき、その流れは「不可避」であると論じています。所有からシェアへ、垂直型から水平型のネットワークへと、技術の発展に伴って、生産や流通のあり方は確かに変化しています。一方、「不可避」とみられる流れも、社会的、文化的、政策的な背景との相互作用の結果として構築されてきたとも解釈できます。技術的に可能だからといって、ニーズに合わなかったり、適法ではなかったりなどの理由で普及しない技術もあります。技術だけに焦点を当てていては、見えないものがあります。

そこで本書では、技術を発展あるいは阻害する環境や研究者コミュニティの関心、人々の価値観、ルールや法、倫理的な議論から形成されるネットワークに焦点を当てます。[2] 技術から少し視点をずらすことによって、より広い視点から技術と社会の関係を考察します。〝視点をずらす〟のもSTSのアプローチの一つです。[3]

・異なる分野をつなぎ合わせる存在

人工知能を扱う本であれば、最初に「人工知能とは何か」を定義しなければならないと思う人もいるかもしれません。しかし本書は「人工知能と社会」を扱う本であり、かつそれを論じる人たちの主張や実践にも焦点を当てる入れ子構造になっています。そのため本書では、人工知能とは何かを明確に定義しません。むしろ、人工知能とは何かを人と人、モノ、制度、資金、価値観など、さまざまなネットワークの関係性の中から浮かび上がらせます。このような視点をとるため、各章で見ていくコミュニティごとに「人工知能」が意味する内容は変わります。

集団をまたいで使われる概念や物体は、異なる領域の人々を結びつけます。それを「バウンダリー・オブジェクト（Boundary object：境界上に存在する物体）」と呼びます[4]。バウンダリー・オブジェクトによって、集団AとBのあいだで会話や取引が可能になります。お金や地図はその最たるものです。バウンダリー・オブジェクトは、その価値や解釈が集団間で違っていても、その齟齬に気づかず使われます。そのため集団間をつなぎ合わせる媒介として働くことができるのです。それはバウンダリー・オブジェクトが、集団間での意味合いを必要に応じて変化させられる柔軟性をもちつつも、共通のアイデンティティを維持できるくらいにはしっかりとした概念を保持しているからなのです。

本書では「人工知能」をバウンダリー・オブジェクトとして扱います。人工知能という単語は技術だけではなく、経済、社会、文化など、さまざまな文脈で使われます。同じ単語を用いていても、定義や意味する範囲が異なります。ある技術者コミュニティにとって「人工知能」は、知性や心とは何かを考える〝研究領域〟です。一方で、マーケティングで使われる「人工知能搭載！」は、〝儲けを生む〟キーワードです。また各国は現在こぞって「人工知能」技術の推進とコントロールの必要性を提唱しています。それはそのルールづくりの主導権を握れるか

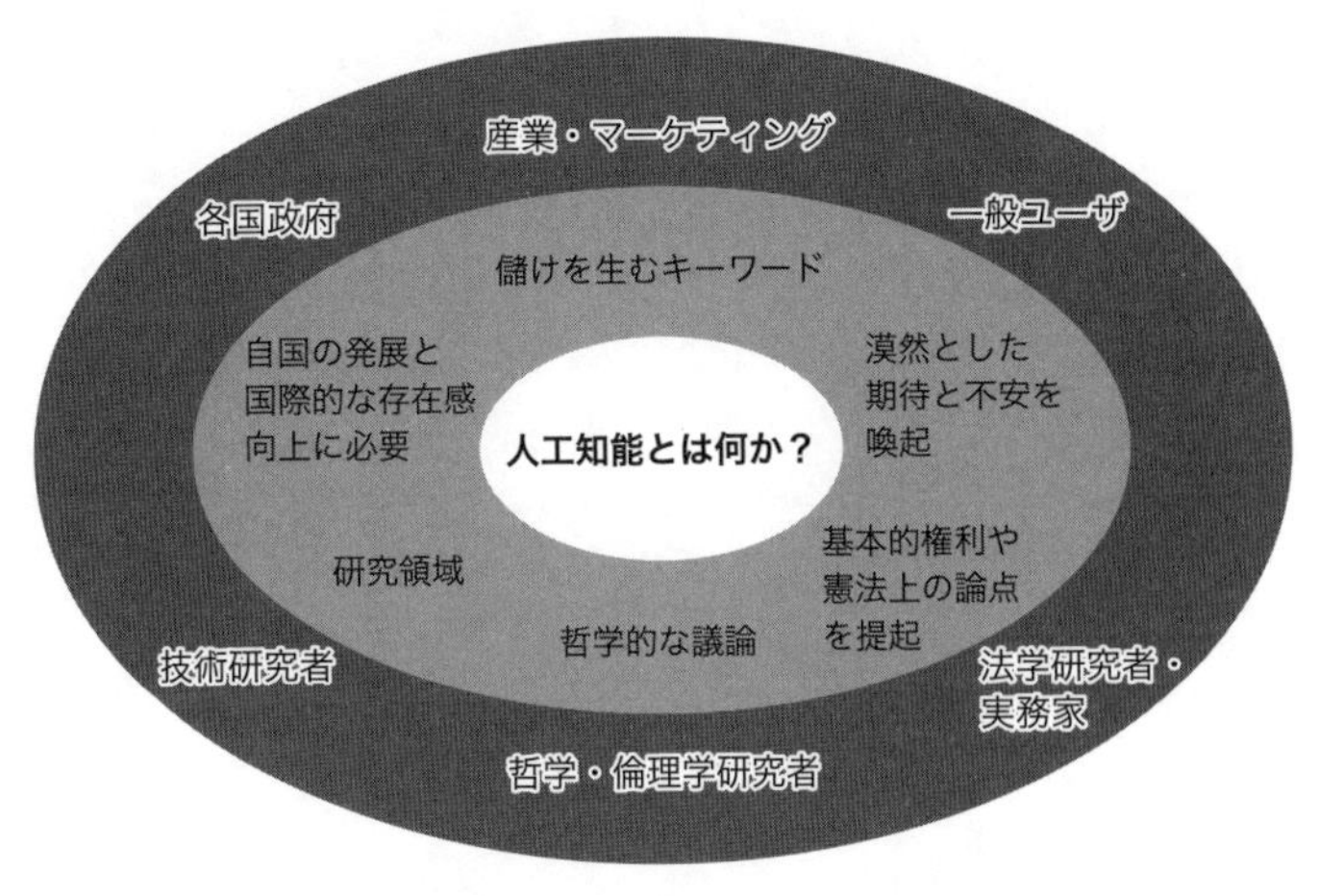

図１　「人工知能とは何か」はコミュニティごとに異なる。

どうかが、今後の〝自国の発展と国際的な存在感向上〟に影響するからです。また法学における「人工知能」の議論は、基本的人権などの諸権利や民主主義や国民主権といった〝憲法上の論点〟そのものです。さらに機械に倫理的な判断や意思決定ができるのかといった〝哲学的な議論〟もあります。社会一般には、「ドラえもんや鉄腕アトム」、「仕事を奪う」、「ロボット兵器」などの〝漠然とした期待と不安〟が入り混じったイメージを喚起します（図１）。

何を人工知能とみなすかが異なるため、求める期待も異なります。にもかかわらず同じ人工知能という単語が〝使えてしまう〟ことで、異なる集団間でも対話ができます。今まで交流がなかった人たちの協働も可能になり、新しい課題や研究、製品が生まれます。

しかしながら、もともと〝同床異夢〟であるために、異分野や異業種のあいだでのコミュニケーションに齟齬や誤解が広がり、意思疎通できなくなる場面もあります。そのため、対話の場を設計して橋渡しする媒介者が必要となります。そこにもＳＴＳは貢献します。

・プロセスを重視

ＳＴＳは学問（studies）的側面をもつと同時に、その課題への対策を社会（society）へ働きかける側面ももつと述べました。バウンダリー・オブジェクトとしての「人工知能」が、どのように異なるコミュニティで機能するかを研究するだけではなく、その知見を社会へ還元することも重要です。

現在、人工知能の研究開発原則や利用指針が世界中で策定されています。国内外の産学官民の人たちが、人工知能技術が悪用された場合にどうするのか、技術利用によって差別を受ける人が出てきたらどうするのかなど、さまざまな論点をリスト化しています。

リストをつくるときには、論点が特定の人の視点に偏らないことが重要です。個人情報を多くもっている企業と、個人情報を提供する個人では、個人情報利用への懸念が異なるかもしれません。国や人種、性別、業種が違うと、自分がもつ他者への偏見に気づかないこともあります。そのため論点出しには、できる限り多様な人の参加が望ましいです。

一方、論点を広げるばかりでは、具体的な政策や社会実装に落とし込めません。そのため、暫定的に論点を整理して議論を一度「閉じて」、フィードバックを得るためにふたたび「開いて」といったプロセスが踏まれます。[5] 技術開発でも、だいたいの仕様や目的を決めて設計、実装したのち、ふたたび設計を考えるサイクルを反復する「アジャイル開発」という方法があります。進化のスピードが早い技術だからこそ、技術開発だけではなく、ガイドづくりや社会実装にも反復やプロセスが重視されます。さらに、プロセスそのものが形骸化しないためのしくみづくりも必要になるのです。

本書の構成

同じ技術でも文脈や集団によって、見え方は異なります。そのため、本書では章ごとに少しずつ視点をずらして「人工知能と社会」の関係を描いていきます。

第1章では、おもに技術開発者の視点から人工知能のアプローチや課題を共有します。現在、深層学習をはじめとする新しい技術を用いるうえで公平性や悪用などの課題が指摘されています。このような課題に対する技術の可能性と限界を紹介します。

第2章では、国内外の産学官民を巻き込んだ人工知能ガバナンス（技術を社会実装するための体制や方法）を紹介します。現在、多くの国や産業界は人工知能技術の開発や社会実装にあたって、自分たちに有利な枠組みをつくろうとしています。この章では省庁、産業界、実務家、研究者など〝有識者〟といわれる人たちによる論点を整理します。

第3章では、人工知能技術を仕事や生活に取り入れるユーザに視点を転じます。「仕事が奪われる」などの懸念が広がる中、私たちユーザも技術とのつき合い方を考える必要があります。具体的な事例を用いて、これからの働き方や専門家の役割を考えます。

第4章では、技術の倫理やガバナンスを考える土台となる、基本的な権利や社会的価値を考えます。また技術に〝食わせる〟データの扱いや、自律的な兵器をめぐる議論を扱います。

第5章では、第1章から第4章のまとめを行うと同時に、筆者である私の立ち位置や活動そのものを振り返ります。

それぞれの章は密接に関係しており、その関係性を示したのが図2です。第1章と第4章は裏表の関係にあります。第1章が技術開発者、第4章が法・倫理学的な視点という違いはありますが、深層学習をはじめとする〝学習する技術〟や〝まだ見ぬ技術〟を対象としています。同じような技術や課題を扱っていますが、第1章では技術のもつ課題に対しては技術で解決をしようとする立場が強く、第4章では制度や規範的な立場から技術をどうコントロールするかという立場を扱っています。

第2章は産学官民の関係者が第1章や第4章での知見を使ってどのように上流から技術政策を行っていくかを考えています。一方、第3章は個別分野における技術利用者の視点から、現場での技術の試行錯誤を扱います。第2章も第3章も最先端技術だけではなく、幅広く情報技

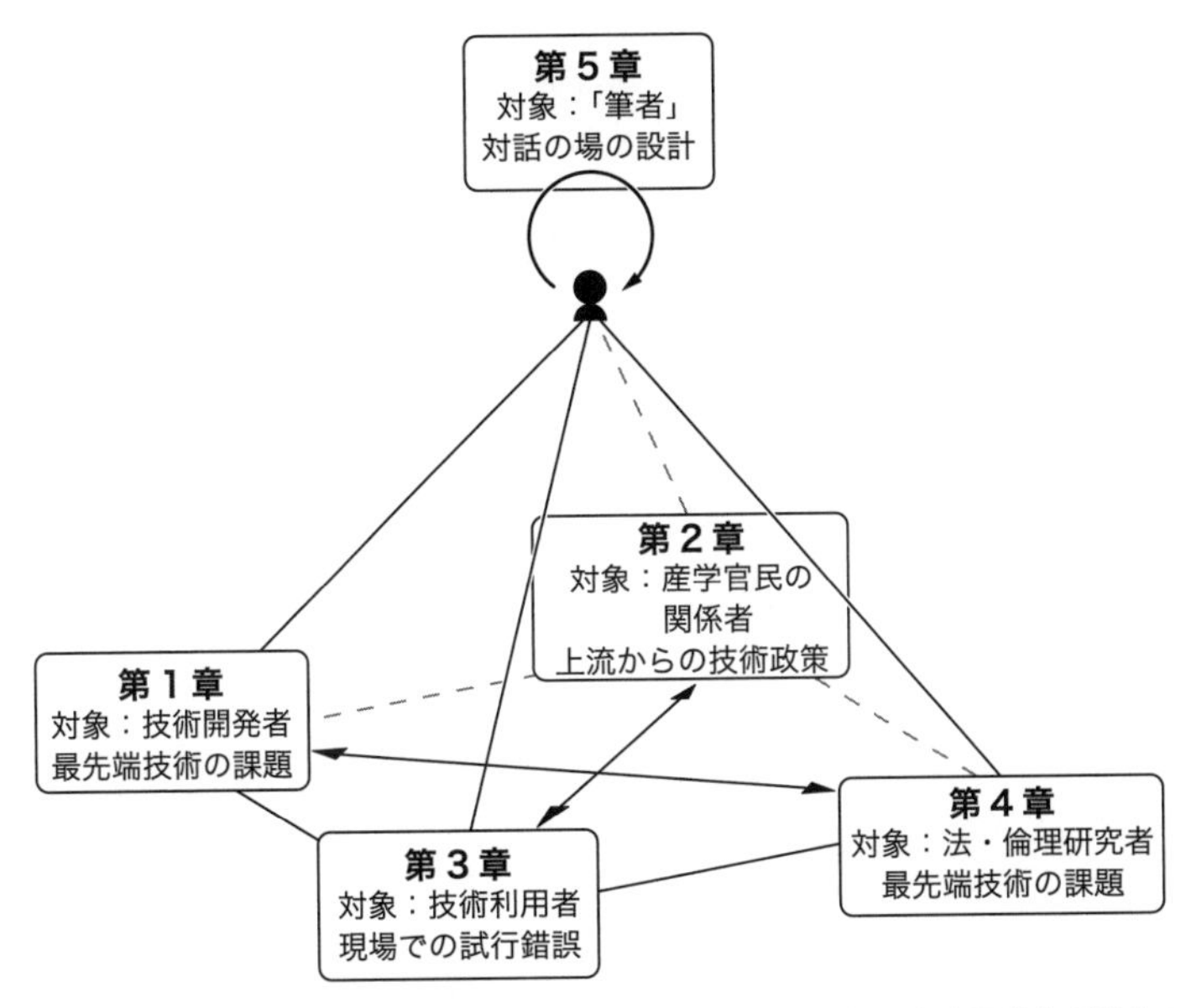

図２　各章で扱う対象と内容の関係。第５章では第１章から第４章を記述する筆者の視点や活動そのものを見返す。

術と社会との関係を扱っています。
第1章から第4章で扱う関係者や概念の整理を第5章で行います。
本書の地図づくりは一人ではできませんでした。巨人の肩に乗り、さまざまな仲間とともに、議論しながら、迷いながら、つくり上げてきました。本書の記述の責任は私にありますが、本書で紹介する調査や企画は多くの方々との共同作業の産物です。本書の最後に、お世話になった人々の一部を紹介するとともに感謝の意を表します。

ショートストーリー

本書を執筆するにあたって、多くの方とお話させていただきました。

会う人すべてが魅力的でした。しかし各コミュニティが重視している理念や目的を、直接的に文章に書くことができませんでした。コミュニティで共有している理念や目的といっても個人によって濃淡があり、過度な一般化やステレオタイプ化をしたいわけでもないからです。しかし私の関心ごとは「人工知能と社会」そのものだけではなく、それを論じているコミュニティの生き生きとした主張や理念なのです。それをどのように表現できるか悩んだ結果、本書では各節のあいだにショートストーリーを入れることにしました。ショートストーリーには「人工知能と社会」に関わる人たちの主張や理念のエッセンスをちりばめました。断片的に感じ取っていただければと思います。

ＡＩ社会の歩き方◉目次

第2章 人工知能の価値をめぐって 72

第4章　人工知能が浸透するとき　172

本文イラスト／鈴木素美

プロローグ

昔々、大陸は一つだった。言葉や習慣も同じだった。

時は流れ、陸や人々は移動し、分断され、交流はなくなっていった。

そんな中、小さな半島に住む、聞き上手で良い「耳」をもつことから「ミミ」と呼ばれる主人公を中心に、物語は始まる。

＊＊＊

「私の考えが先回りして読めるみたいだ」

キツネが嬉しそうにつぶやいた。一、二を争う技術者であるキツネが半島に帰ってきた。考えを整理したいからとミミは呼びだされ、キツネの話に相槌を打っていただけだ。

「久しぶりに話すけど、お前はやっぱり合いの手や質問が上手だね。自分の考えが整理されるよ。あるいは私以上に私のことをわかってるみたいだ」

ミミも、キツネが旅する中で出会ってきた人や技術の話に興味をもった。

話しながら、キツネは何度も「あぁ、私はそういう風にあの国の習慣を見ていたんだなぁ」と感嘆し、「こっちの国のサービスはぜったいここでも通用すると思う」と、うなる。

ミミはキツネの手が描き出す技術の設計図と世界地図に見入っていた。

第1章 人工知能は何ができるか

本章では人工知能技術のさまざまなアプローチと、技術課題をおさらいします。

人工知能という言葉は、一九五六年にアメリカ・ダートマスで行われた会議で生まれました。ダートマス大学の計算機科学者であるジョン・マッカーシー氏により命名されたといわれています。

会議にはマーヴィン・ミンスキー氏（人工知能）、クロード・シャノン氏（情報理論）、ノーム・チョムスキー氏（言語学）やハーバート・サイモン氏（システム科学）など、現在の人工知能、認知科学、神経科学、人類学、言語哲学、システム科学などの礎を築いた人たちが参加していました。これらの分野は今でこそ個別の学会コミュニティが確立していますが、半世紀前には人間の知的活動の探求という大きな目標に取り組むため、一堂に会していたのです。

そのため、人工知能の研究分野は定義が難しく、そして多様です。二〇一七年に人工知能学会編纂の『人工知能学大事典』（共立出版）が刊行されました。この事典は機械学習や自然言語処理、画像・音声認識などの主要な技術のほか、哲学、認知科学、脳科学といった学問領域、教育支援、ゲーム、ナレッジマネジメントといった応用領域と人工知能の関係までを対象としています。半世紀前のダートマス会議のように、現在も認知科学、神経科学、人類学、心理学など多くの学術分野と協働して人工知能の研究が行われています。

一　人工知能研究の種類

人間の知的活動の好例として初期に取り組まれた研究が、チェスをはじめとするゲームでした。しかし、機械が人間より強くなってしまったら、人工知能の研究が終わるわけではありません。むしろ研究者はこう考えます。「機械によって実現できる〝知〟は、〝知〟ではない。人間にしかできないことこそが、本当の〝知〟であり、取り組むべきプロジェクトだ」と。そのため、人工知能という研究領域は「人間の知的活動」の定義を更新し、そのたびに、さまざまな知的な処理をする技術を生み出してきました。歴史を紐解くと、いくつかのアプローチがあります。

ルールベース・知識ベースの人工知能

初期の人工知能は、専門家の知識を人間がルールとして記述し、そのルールに従ってデータを処理するアプローチでした。いくつか有名なものがありますが、その一つに一九六〇年代に開発された〈ＥＬＩＺＡ（イライザ）〉と呼ばれる対話システムがあります。ＥＬＩＺＡは事前にいくつかの返答テンプレートを用意しておき、そのテンプレートに合致する単語が入力されたら返事をするプログラムです。ＥＬＩＺＡは精神分析医的に使われた事例がよく知られています（図１－１）[1]。テンプレートにないものにはオウム返し的な答えをしたり（図１－１Ａ）、話題を転換したりする（図１－１Ｂ）というルールでつくられていました。

ところどころ違和感はありますが、患者の発言を繰り返すことで、自己理解や内省が進み、治療に結びつくと考えられてつくられたプログラムです。機械からは決して会話をやめないので、人間側に会話を続ける意思がある限り続き、何時間もはまってしまった人もいるそうです[2]。

ルールベースは対話だけではなくて、さまざまな分野でも可能性が模索されました。医療データなどを入力すると診断を行い、治療のための抗生物質を提案してくれる医療システム〈マイシン〉も有名です。マイシンの正答率は六五％といわれ、専門家ではないほかの領域の医師よりは精度はよかったものの、専門家の医師の八〇％には及ばないとされています。

しかし、複雑な現実世界や医療などの専門知識を、ゲームのルールのようにすべて記述することは不可能でした。専門家自身も自分の行動や知識が暗黙知化されていて、的確に言語化することは困難です。経験や勘に根差すものも多く（〝だいたい〟や〝適当に〟など）、システムの精度は一定以上には向上しませんでした。

S: I am the psychotherapist. Please, describe your problems.
Each time you are finished talking, type RET twice.
（私は精神分析医です。あなたの問題を教えてください。発言を終えるたびに，リターンキーを2回押してください。）
U: Hi
（ハイ）
S: Can you elaborate on that?
（それについて説明してもらえますか？）
U: Umm, I just said hello.
（ええと，こんにちはと言っただけです）
S: How do you do? What brings you to see me?
（お元気ですか？どうして私に会いに来たのですか？）(B)
U: I am writing an article about you.
（あなたについての原稿を書いているところです。）
S: Why do you say I am writing an article about I?
（どうして，私についての原稿を書いている，と言ったのですか？）(A)
U: Because you asked me!
（あなたが理由を聞いたからです。）
S: Is it because of your plans that you say because I asked you?
（私があなたに理由を尋ねたからと，あなたが言ったプランのためですか？）
U: What is my plan?
（私のプランとは何のことでしょうか。）
S: Maybe your life have something to do with this.
（たぶんあなたの人生はこれと何か関係があるでしょう。）
U: Awesome.
（それは素晴らしい。）

図1－1　ELIZA での対話の例。巻末注 1 より転載。S はシステムの発話、U は論文著者の入力。カッコ内は論文著者による翻訳。提供：科学技術振興機構（JST）

確率・統計型の人工知能

人工知能研究の冬の時代を経た二〇〇〇年代以降、膨大なルールや知識を与えなくても、既存のデータを参照して正解を導き出す統計・確率型の人工知能が発展しました。代表的な技術を「機械学習（machine learning）」といいます。

たとえば人間が人工知能に、犬や猫などの画像を分類したデータを学習させます。そうすると未知の猫の画像を読み込ませても、今までの学習データから判別して、確率的にこれは猫であると推測します。このような確率・統計型の人工知能の発展の背景には、アルゴリズムだけではなく、インターネットの普及により大量の質のよい画像やテキスト、音声データ、いわゆる「ビッグデータ」が入手できるようになったことがあります。質のよいデータが多くなればなるほど、精度は上がるからです。データのほかにも、計算処理装置などハードウェアの速度が向上したことも、研究や応用事例の進展に拍車をかけています。

自己学習する人工知能

機械学習をさらに発展させた技術として、「深層学習（deep learning）」があります。今日の人工知能ブームの立役者です。データに基づいて人間の知的活動を学習し部分的に自律化できる技術システムは、さまざまな分野への応用が期待されています。深層学習はパターン認識、つまりあるデータの塊を分類したり判別したりするタスクに秀でています。

そのため〝人工知能が目をもった〟との比喩で語られます。[3]従来の機械学習では猫とは、「三角形の耳がある」、「ヒゲがある」、などさまざまな特徴を人間が分類して示す必要がありました。しかし深層学習は、大量の画像を学習することで猫の特徴を抽出し、初めて見る画像でもそれが、〝猫〟か〝猫ではない〟かの分類のルールを自ら判別できるのです。

学習法には、画像にあらかじめ〝猫〟か〝猫ではない〟かをタグ付けしてある「教師あり学習」と、何もタグ付けしていない大量の画像から似たような画像を識別させた結果、それが〝猫〟だったという「教師なし学習」があります。後者の場合、人間が言語化できない知見も自動的に分類して判別してくれるため、〝直感〟、〝暗黙知〟や〝勘〟のような人間の知の領域に到達できるのではないか、と期待されています。ただ、機械は今まで学習したデータとの関連づけを行っているだけです。決して〝猫とは何か〟を理解しているわけではありません。また機械がルールをつくっていくので、人間には学習の方向性や内容をコントロールしにくいと指摘されています。

さらには、データから統計的に学習していくので未知の情報への対応が懸念されます。たとえばスウェーデンの自動車会社であるボルボは道路に飛び出してくるシカなどの大型動物の探知システムも開発し輸出しています。ところがそのシステムがオーストラリアのカンガルーをうまく検知できないということが、ニュースとして報じられました。[4]

試行錯誤する人工知能

機械学習の一つに「強化学習（reinforcement learning）」もあります。これは、ある行動を選択したときに受け取る報酬を元に、目的を最大化するような行動を試行錯誤から学習します。

勝敗がわかるコンピュータゲームを例にとります。ゲームをするときに、ある状態のときにどのような行動をしたら、その結果がどうなるかを、場当たり的に何回も機械が試行錯誤します。ゲームをクリアできたら報酬が得られるため、試行錯誤の中で〝偶然〟うまくいった行動を学習します。そのうちに機械はゲームをクリアしやすいコツを自分で学習していきます。

選択した行動が目的にどのくらい合致しているかを評価する報酬関数を、深層学習によって学習していく方法を深層学習と強化学習の合わせ技として「深層強化学習」といいます。近年ではアルファ碁がプロ棋士に勝利をしたことが話題となりましたが、アルファ碁はこの学習法を用いています。

組み合わせて使われる技術

これらのアプローチは、組み合わせて使われます。昔ながらのアプローチが使われないわけではなく、また最先端の人工知能技術以外も使われます。

例として自動運転車を考えます。歩行者や標識などの環境情報は、機械学習などに基づく画像認識で判断されます。ただ、同じ環境情報でも他車や信号機の把握に関しては、情報を電子的に送受信する技術を用いたほうが確実かつ安価な場合もあるでしょう。

運転に伴う判断に関しては、人間の常識的な観点を入れるためにルールベースの技術を用いたほうがよいとする考え方があります。一方、深層学習を使って運転上級者の勘を導入したほうがよい部分もあるともいわれます。このように自動運転車一つとっても、さまざまな技術の組み合わせでつくられているのです。

「まだ見ぬ技術」としての人工知能

本章では大まかに四つのアプローチを紹介しましたが、具体的にはさまざまな方法論が存在します。人工知能のアプローチは、ここ半世紀のあいだで定義が広くかつ深くなってきました。

一方で、昔ながらのルールベースの方法は、「人工知能」研究とはいえないのではないか、ともいわれます。また、機械学習や自然言語処理のように、個別の名前がつくと「人工知能」ではなくなるという考え方もあります。狭義には「人工知能」研究とは、個別の名前がついていない、「まだ見ぬ技術」を指すのだという考え方です。それは、「うまくいくということはその分野が体系化されているということを示している。人工知能はまだ体系化に至っていない[5]」や、「人工知能学会がとても特徴的で魅力的だと思う点は、学会の対象物である『人工知能』がまだ見ぬものであることだと思う[6]」などの発言からも伺えます。人工知能研究とは「まだ見ぬ技術」を追い求めるフロンティア精神の旺盛な研究領域なのです。

2

DLにあらずんばAIにあらず

次の日、ミミとキツネは共通の知り合いであるタヌキの店に向かった。

入れ違いで店から出てきた客は「ここで仕入れた製品っていっておけば、絶対売れる！」とにこにこしている。

店に入って「繁盛してるね」とキツネが冷やかすと、タヌキは「そうでもないよ」とため息をついて小声でまくしたてた。「大陸から来る偉い人たちは、うちの製品や技術の中身をわかってない人が多すぎる。技術が万能だと思ってるのもたちが悪いし、技術を導入するのが目的っていう人もいる。目的と手段が逆になってるのに気づかないんだ」

キツネは訳知り顔に頷いて「だから現場の人が割を食う」といった。

しばらく広場をぶらぶらしてタヌキの店に戻ると、店の外に聞こえるような大声でいい合っているイノシシとイヌがいた。

「ここの製品を買ったら、うちの経営が回復するんだ！」とイノシシが怒鳴る。

「社長、具体的にうちの経営の何を回復したいんですか」勢いに押されつつもイヌは必死に問いかける。

「今流行ってるDなんとかってのを入れれば、作業が効率化して、人手が減ってる部門も助かるだろう。コストダウンにもなるんじゃないか？」

「作業効率化というのであれば、業務に関するソフトウェアを入れるというのは、前々からいってることですが！」負けじとイヌは声を張り上げるが、しっぽは垂れたままだ。

「でもそれは、Dなんとかって製品じゃないんだろう？　見てみろ、新聞調査でも八割以上の会社がそれを導入しているんだぞ！　うちも早く導入するんだ！」ダン、とイノシシが机をたたいた。

二　技術的な課題

自律的に学習する技術には課題の向き不向きや、技術的な課題があります。以下、いくつか技術者を悩ませている課題を紹介します。

技術以前の課題

技術者を悩ませているのが、「何をしたいのか」という目的設定や、「どのようなデータがあるのか」という技術以前の課題です。

当たり前ですが、「何をするのか」という目的設定は人間が行います。たとえば、「色や形など一定の品質に従ってキュウリを選別する」のような具体的な目的です。人工知能研究者の頭を悩ませるのは、技術導入の目的が「生産性を上げたい」や「効率のよい社員を採用したい」のように漠然としているときです。〝生産性〟や〝効率〟とは何を意味するのか。指標やデータの蓄積があるのか。そのラベルを誰がどう付与するのか。まずは現場のことをよくわかっている人が、数値化できる具体的な目的を設定する必要があります。

目的が明確であったとしても、学習させるのに十分なデータがあるかどうかも問題です。データがあったとしても、電子化されていない書類や解像度の低い画像データ、ノイズの多い音声データは、まずはそれを〝使える〟データへ加工しなければなりません。下手をしたら、すべて取り直し、集め直しする必要があります。

多くのデータをもっている企業は有利ですが、それが著作権やプライバシーを侵害しないデータセットであるかにも注意を払わなければなりません。場合によっては名前や顔画像など個人を識別できる記述やデータを削除するなど匿名化加工しても使えないデータや、倫理的あるいは人道的観点から使えないデータもあるでしょう。

公平性とバイアス

目的が明確になり、データも揃いました。そこまできたら学習させたデータに潜むパターンをもとにモデルを設計する作業に入れます。しかし、このモデルを設計する段階でも課題があります。

•データセットのバイアスと過学習

少ないデータで学習させたときや、外れ値的なデータがあるとき、複雑な問題を解かせようとしたとき、学習結果が歪み、精度に問題が起こることがあります。

どういうことかというと、与えられた学習データに適合させようとするあまり、未知のデータに関しては全然当たらないモデルがつくられてしまうのです。これを「過学習」と呼びます

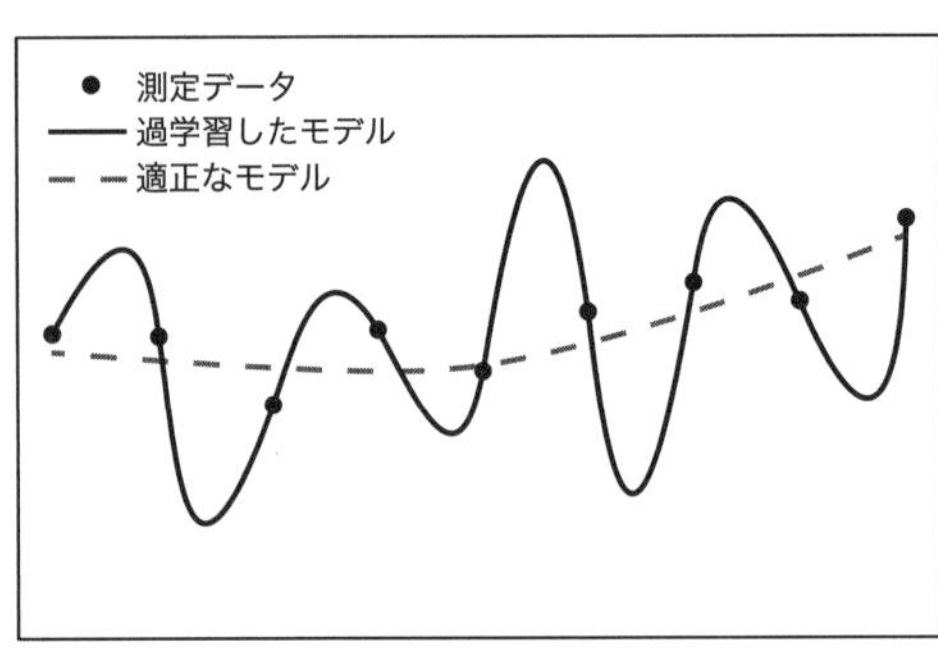

図1－2　過学習の概念。

いように努力する必要があります。

（図1－2）。そのため、なるべくデータセットに偏りが出ないように努力する必要があります。

偏りによってもたらされる公平性（Fairness）へ配慮する研究は、国際的な機械学習コミュニティで近年とくに注目を浴びています。機械学習と公平性に関する研究概要を紹介しているブログ[7]では、二〇一八年の機械学習の国際会議（ICML2018）で選ばれた五本の論文賞のうち二本が公平性に関する論文であり、公平性に関する論文投稿も多くなっていると紹介しています。

同じ期間、これに反比例するような形で、大規模画像認識の競技会であるILSVRCでは画像分類や位置特定のエラー率は急減しました（図1－3）。

精度が上がってきているからこそ、学習させるデータサンプルで人種や性別が偏っていることによる機械の「誤認識」が目立つようになってきているともいえるかもしれません。たとえば、マイクロソフトやIBMが市販している顔認識サービスでは、肌の色が濃い女性の認識精度が低いことが指摘

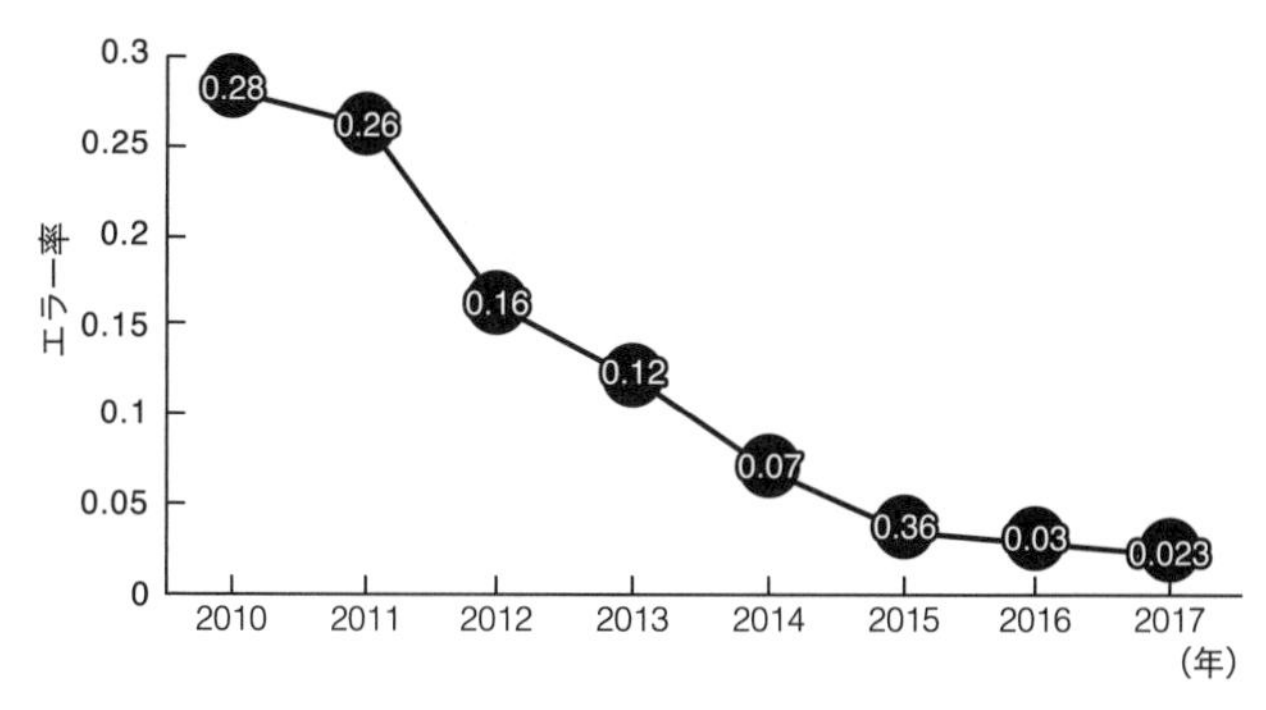

図 1－3　画像分類のエラー率の変遷。2015～2016 年で 16.7%、2016～2017 年では 23.3%低下している。巻末注 8 を参考に作成。

されました。[9] いずれにせよ人工知能の分野は、技術発展が速く、一〇年に満たない期間で取り組むべきテーマのトレンドが急激に変化する領域でもあるといえます。

•アルゴリズムバイアスと公平性

データではなく、モデルを構築する設計者に（無意識に）偏った考え方があれば、使われるアルゴリズムにも偏りが埋め込まれる可能性が懸念されます。これによって、特定の人に対する不公正や不平等が起きることが問題視されています。

アルゴリズムとは、単純化していうと「ある目的を達成するための方法やしくみ」です。たとえば〝人を採用する〟ときに、Aさんは今までの学歴や職歴を重視するかもしれません。Bさんは実際に面接したときのコミュニケーション能力を評価するかもしれません。Aさんのような考え方を反映させたシステムと、Bさんのような考え方を反映させたシステムでは、評価の方法やしくみ

（アルゴリズム）が異なります。また、システムが判断を下すのに必要なデータも異なってきます。Aさんシステムには学歴や職歴データが必要ですし、Bさんシステムには音声データや顔の表情などの画像データが必要になるでしょう。

ルールベースの技術であれば、アルゴリズムで用いる変数や重みづけの基本方針の変更や修正が可能かもしれません。しかし学習によって構築されたアルゴリズムは、人間に理解できる状態で変数や重みづけを見いだすことが困難になります。これがいわゆる「ブラックボックス化」と呼ばれる状態です。

ブラックボックス化されても、機械がはじき出した結果を人間が無理やり解釈することもできるでしょう。しかしそれが万が一、ジェンダーや年齢、人種、性的マイノリティなどの差別を助長する方向に結びついてしまったら、機械による判断に、私たちは従うことができるでしょうか。

アルゴリズムと公正性を考える事例として、〈COMPAS〉という有罪確定者の再犯リスクを予測するプログラムをめぐる裁判があります。このアルゴリズムに対し、アングロサクソン系の人に比べてアフリカ系の人の再犯リスクが高く（図1-4）、人種に対する偏見があるのではないかが争われました。裁判の結果、アメリカ・ウィスコンシン州最高裁は、合憲と判断を下しました。しかし、COMPASの導く評価のみによって判断を下されず、重要な判断は人間としての裁判官がその責任において行わなければならないとしました。公正なアルゴリ

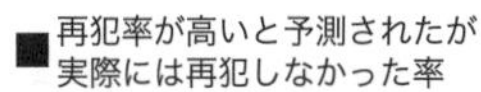

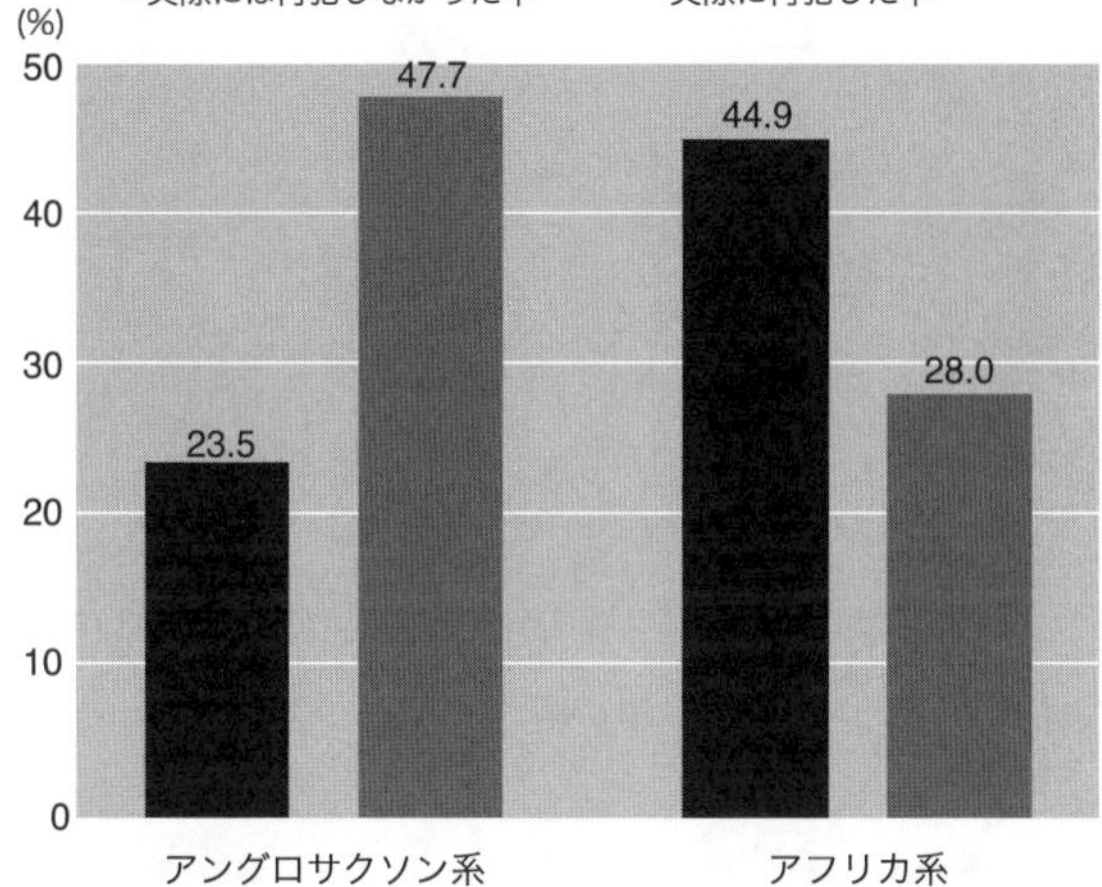

図1－4　アルゴリズムバイアスの例。https://www.propublica.org/article/machine-bias-risk-assessments-in-criminal-sentencing より作成。

ズムの利用を技術だけで担保するのは難しく、〝人間関与〟[10]が基本的な原則であるという解釈です。

・世界にすでに存在するバイアス

「無意識の偏見（アンコンシャス・バイアス）」という言葉は、技術開発に限らず、組織的に取り組むべき課題と認識されています。女性の社会進出の促進が阻まれたり、ハラスメントが起きてしまったりするのは〝悪意〟があるわけではないという前提です。女性も男性も無意識に特定の型にはまった考え方をしているから起きると考え、それに気づかせる研修を課す組織も増えてきました。

　意識、無意識にかかわらず、排除や差別を招く偏見は気づき次第、取り除くべきものです。しかし、私たちの社会にはすでに構造的に偏りが埋め込まれています。

たとえば、検索エンジンを使って日本語で「社長」や「経営者」を検索すると、ほとんど男性が表示されます。一方、英語で「CEO」と検索すると女性の写真は少ないながらも表示されます。

これについて、海外の記事では、女性のCEOがアメリカでは二七％、イギリスでは三六％近くいるのに、検索エンジンでは一一％しか表示されていない、現実に即していないと批判されました。イギリスのある検索サイトでは、イギリスの職業別雇用データと検索サイトの画像データを組み合わせて、現実と検索データの差を可視化しています[11]。一番格差が多いのは飛行士で、現実にはイギリスでは三二％が女性であるにもかかわらず、画像検索上では五％しか表示されないそうです。

また英語で「baby」や「family」を検索すると、ほとんどアングロサクソン系の人の画像が表示されます。アフリカ系の人の画像を表示したい場合、「black」という単語を検索ワードに追加しなければなりません。これに対して海外では、表示された検索結果などをデータ保有会社や検索エンジン会社に送って対応を求める、NPO法人の活動があります。彼らはデータ保有会社や検索エンジン会社でどこが対応してくれて、どこは返事をくれなかったかなども公開して、社会的なムーブメントをつくっていこうとしています[12]。このようなさまざまな草の根的な動きもあり、現在は少しずつデータの多様性も担保されるようになり始めています。

また、社会的な理由からデータが偏ってしまうこともあります。たとえばアメリカ警察の一部には犯罪予測システムが導入されていますが、すべての犯罪が警察に届けられているわけではなく、警察のデータベースには偏りがあることが指摘されています。さらに、軽微な犯罪の数は多くても、テロなどの犯罪はそもそもデータが少ない可能性もあるでしょう。

一方で、「バイアスのないアルゴリズムやデータは存在しないのではないか」という議論もあります。そもそも統計学的には全体からサンプルを取り出せば、統計量の差分としての「バイアス」は必ず存在します。バイアスがあることそのものが悪いことではありません。また、使われるデータや技術の設計には、必ずそれを利用する〝文脈〟と〝価値〟が組み込まれています。これを偏見と捉えるのか、ある特定集団の現実を映し出す特徴として捉えるべきなのかに関しては議論が分かれます。

また、アルゴリズムに「公平性」の制約を付け加えるということは、場合によっては余計な変数を入れることにもなります。これは機械学習の精度とトレードオフになる場合があります。それを踏まえたうえで、偏りを是正する介入をいつ、誰が、どのようなタイミングで、どの程度すればよいのか、してもよいのかということ自体、経営的、政治的、政策的な判断が必要とされます。そこには、どのような社会を実現したいのかという技術だけでは解決できない問いが含まれてきます。

説明可能性、透明性と信頼

データやアルゴリズムの偏りによって偏見が再生産、増幅されることだけが問題ではありません。現在の機械学習の多くは大量のデータに基づいた統計がベースとなっているため、まったく関係のないデータを相関関係にあるとみなしてしまう可能性があります。また、〝忘れてほしい〟情報がいつまでもデータベースに残り、不利益を被る場合もあります。誤った前提や不都合なデータに基づいて、プロファイリングや評価が下される可能性もあるのです。

・説明可能な人工知能

人間が不適格なデータやアルゴリズムを見抜いて取り除ければよいのですが、複雑化し、人間が物理的に理解できずに「ブラックボックス化」する場合もあります。そのため「説明可能な人工知能（Explainable AI：XAI）」という概念が、近年使われ始めています。機械がなぜそのような判断をしたのか説明できる、途中経過を示せるというものです。医療や金融、人事のような重要な意思決定、国防や司法といった民主主義や国の根幹に関わる意思決定などの場合に必要とされています。

機械が説明できることによって、お告げや占いのように機械の判断を信じるしかないという状況から、少しは脱却できることが期待されます。アメリカ国防高等研究計画局（DARPA）はXAI研究を推進するプログラムを二〇一七年五月から開始し、七五〇〇万ドルを投資して

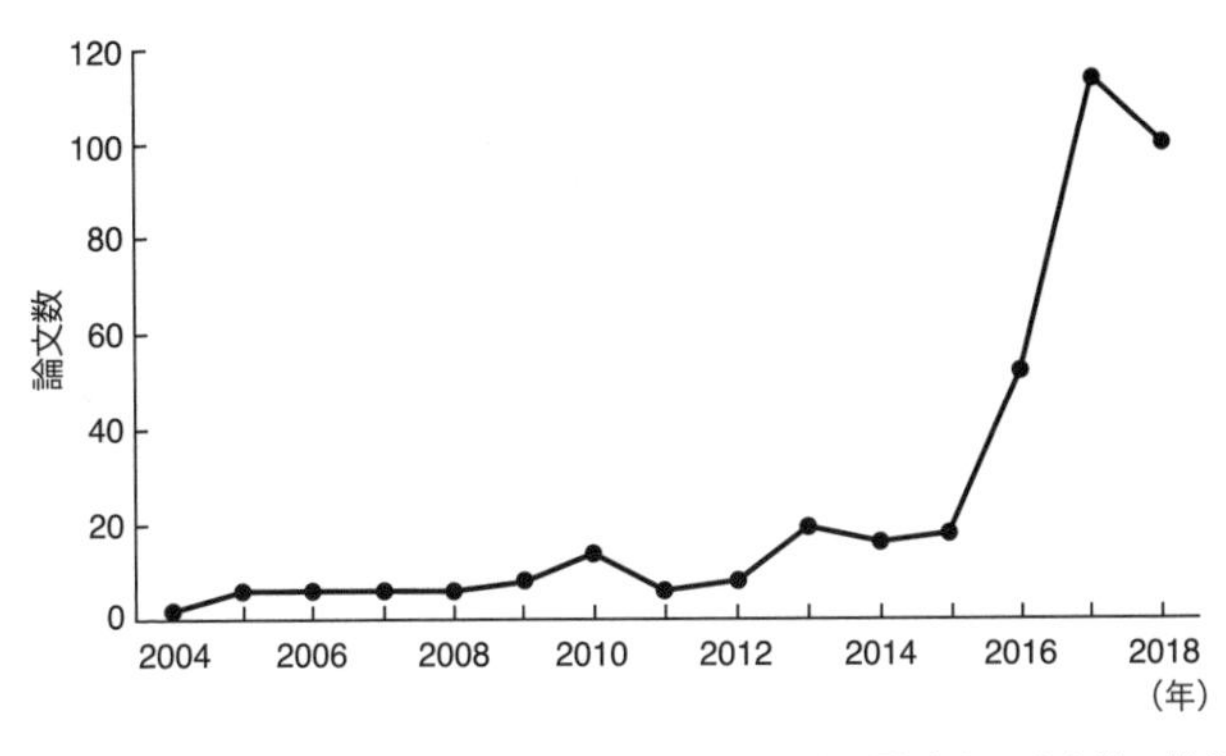

図 1－5　2004 年から 2018 年までの説明可能な人工知能に関連する論文数の推移（論文は 2018 年 9 月公開のため 2018 年のデータは途中まで）。巻末注 15 を参考に作成。

います[13]。韓国でも二〇一八年に「説明可能な人工知能センター（XAI Center）」が設立されました[14]。

情報系の学術論文のデータベースから「人工知能」と「説明」に関するキーワードを同時に含む論文数を検索した調査からは、近年この分野の研究領域が大きくなっていることがわかります（図1－5）。

・説明とは何か

機械が判断の理由を説明してくれたら、便利です。ただし〝説明可能〟という言葉の範囲は広いです。

二〇一六年三月にプロ囲碁棋士であるイ・セドル氏との五番勝負で四勝を挙げたアルファ碁には、人間の経験的、認知的な観点からすると「なぜその手を打つのか」の説明が困難な手があるといわれています。人間であれば対局後の検討で棋士自らが解説をしてくれます。これに対してアルファ碁は、「これこれこういう理由で、この手を打ちました」と説明はしてくれま

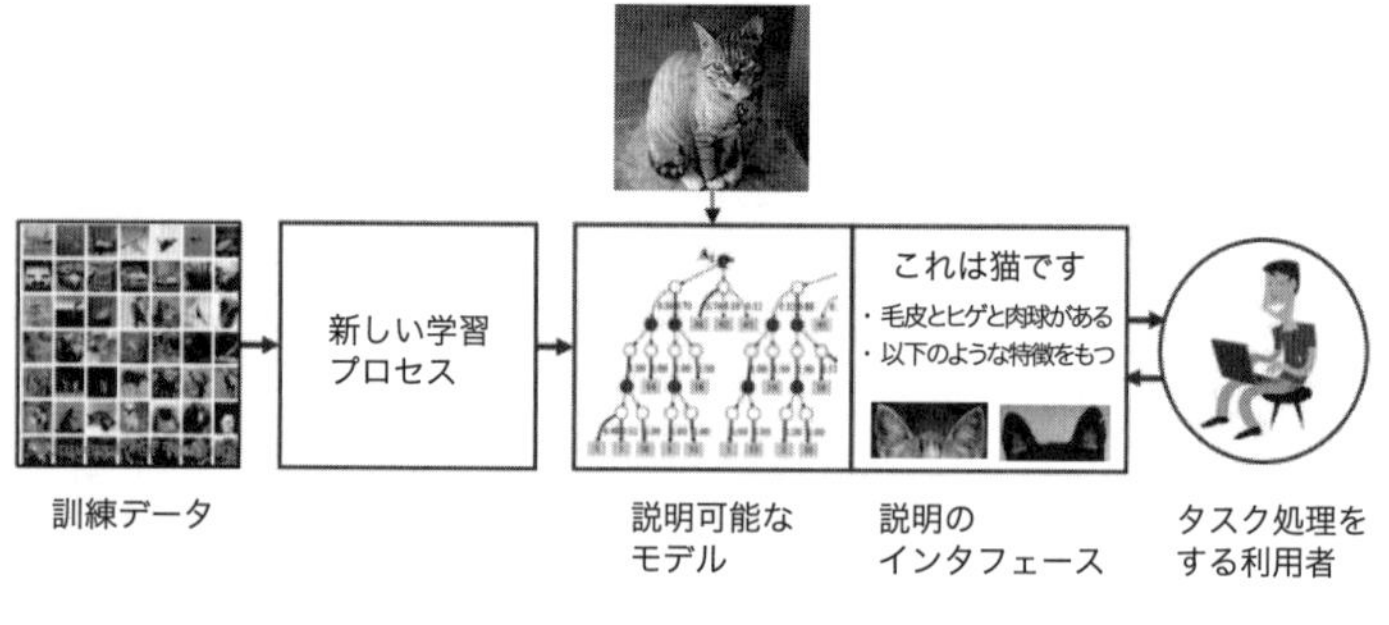

図1－6　XAIの説明。巻末注16を参考に作成。

せん。たとえしてくれたとしても、それは人間のもつ認知的あるいは経験的な見方とは異なるので、それを翻訳してくれる人がいなければ理解は不可能でしょう。アルファ碁が人間にも理解できるように〝説明〟をするためには、人間がどのようにして囲碁を打つのかという人間の内部構造の理解を得てからでないと不可能です。しかし、「人間のように考える機械」は「まだ見ぬ技術」です。

そのため、現在のＸＡＩ研究で射程に入れている〝説明〟をする機械は、機械学習で予測や判別を行うときに、対象とする画像や音声などのデータのどの部分に重点を置いて見ているのかの根拠を示すことが主となっています。

具体的にどういうことなのか、ＤＡＲＰＡがＸＡＩ研究の概念となぜそれが必要かの資料を公開しているので紹介します[16]。図１－６では学習させたモデルに猫の画像を見せると、「毛皮、ヒゲ、肉球がある」、「（ほかの学習データを示しながら）以下のデータと同様の特徴が見られる」からこれは「猫である」と説明しています。

機械が説明してくれることで、なぜそのような判断を下したのか、なぜほかの可能性が排除されたのか、どういう情報に重きを置いて判断をしているのかがわかります。さらには、どういう情報が足りていないと正答率が下がるのかといった仮説を立てて、再学習させることもできるようになります。

機械と〝対話〟できることで、機械の得意とするところと不得手なところがわかります。どのような作業なら任せてもよいか、と信頼を高めることにつながると期待されます。そのためには、どのような説明ならば人間に理解してもらえるのかという、人間理解に対する研究も重要です。

・説明の具体事例

機械学習のアルゴリズムが複雑になればなるほど、性能が向上すればするほど複雑性が増して、人間には解釈が難しくなるというジレンマがあります。問題を設定した人の意図を正しく汲んで機械が判断しているかを、人間が判定できるプロセスが必要です。これに対して、アルゴリズムがどこを見て判別をしているのか教えてくれれば、人間側は教師データやアルゴリズムを修正できます。

たとえば、ある画像が「何をしているシーンか」という問いかけに対して、答えだけではなくその理由まで出してくれるようにする研究があります。図1-7では、「このスポーツは何

質問：このスポーツは何か

答え：野球

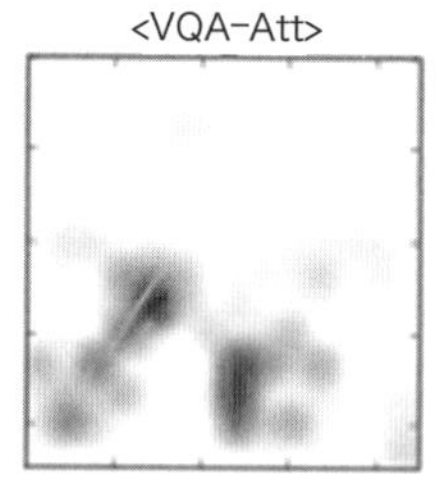

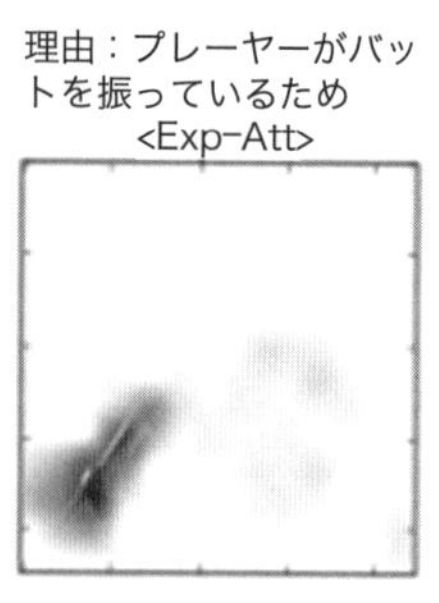

図1－7 理由を示すシステム例。巻末注17より。

か」という問いに対して、「答え：野球」、「理由：プレーヤーがバットを握っているため」としてバットの画像をハイライトします。

モデルを修正するためには、理由を示してくれることが重要です。次に「悪いモデル」の事例を考えてみましょう。ある研究では、ハスキー犬の写真を狼と間違って判別する理由を分析しています。その結果、犬と狼の特徴が似ていて間違えているわけではないということがわかりました。そのハスキー犬が雪景色にいる写真だったのがポイントだというのです。今まで教師データとして読み込んだ「狼」の写真は、背景が雪であったため、「雪のある写真」は「狼」であると判定したわけです。図1－8に示すように、狼と判定した理由を犬や狼の特徴ではなく、ただ単に雪があるかどうかを判断材料としてあげています。このように、なぜ間違えたのかの理由がわかれば、修正は可能です。

図１－８　狼と判定されたハスキー犬の写真（左）と、なぜ狼と判定されたのかの説明画像（右）。文献18より。

・**学習途中の説明可能性**

説明の仕方の面白い事例として、グーグルの〈ディープ・ドリーム（DeepDream）〉という絵が話題になりました。ディープ・ドリームも、機械の認識プロセスを見せるプロジェクトが発端です。[19] こういう形があると猫とみなすのだな、などの途中経過を見せるものでしたが、全然関係ないものを連関させるグロテスクさが話題となり、芸術作品としての価値にも議論が及びました。ウェブサイトやユーチューブでは、さまざまな画像をディープ・ドリーム・ジェネレーター（発生器）に読み込ませた例を見ることができます。図１－９はゴッホの「星月夜」を読み込ませた結果です。

ディープ・ドリームは動画でも見ることができます。徐々に特定の形の特徴を抽出して変化していく絵は見ていて飽きません。[20] なおディープ・ドリームで動物系の表示が多いのは、元となる学習データに動物が多く使われたからだそうです。

図1－9　ディープ・ドリームによるゴッホの「星月夜」。上はニューヨーク近代美術館所蔵、下はディープ・ドリーム・ジェネレーターのギャラリー（https://deepdreamgenerator.com/#gallery）より。

•信頼できる技術としくみづくり

一方、機械を信頼したり、機械の下す判断に納得したりするためには説明はなくてもよい、とする考え方もあります。人間どうしでも、自分の行動の理由や意図を明確に説明できるわけではありません[21]。また、機械の判断を逐一説明する必要があるかどうかは、時と場合によります。

さらに私たち自身、パソコンやスマホのしくみをどのくらいの人が理解できているでしょうか。理解できていないからといって使えないわけではありません。製品をつくっている人や会社が信頼できればよしとして、信頼してもらうためのしくみや、事故時の責任、補償のあり方を構築することも重要ではないかなども議論されています。

堅牢な人工知能をつくるためには、人工知能を運用する組織自体が堅牢である必要があります。機械学習の研究者であるトーマス・ディートテリッヒ氏は人と機械が協働するシステムを構築するにあたって、事故やミスが少ない「高信頼性組織（High Reliability Organizations）」がもつ特徴である以下の五要因を、人工知能システムに組み込む必要があると指摘します。[22]

1. 失敗に注目し、失敗から学ぶ
2. 解釈の単純化を避け、多様な専門知識から複数の解釈を生成する
3. オペレーションに敏感になり、常に状況が既知の状態かどうかをチェックする
4. 回復に全力を注げるようなチームの管理をする
5. 専門知識を尊重し、誰でもが警告を発して操作を一時停止できる組織をつくる

重要なのは、高信頼性組織をどのようにして形成、維持できるかです。そのため、人工知能を導入することによって誤判断が生じたり、ミスが誘発されて高信頼性組織を維持することができなくなったりするような場面では人工知能技術は導入するべきではないですし、一方で高信頼性組織を維持するために組織の活動や行動を管理できるような人工知能技術は導入してい

くべきである、とも提案しています。

事前に説明があるから〝納得・安心〟できるのではなく、何か問題があっても事後的に人工知能技術を扱う組織が責任を取ってくれる、対策を取ってくれるから〝納得・安心〟できるのかなど性質の違いはありますが、組み合わせてシステムや制度をつくっていくことが必要となります。

悪意ある攻撃

今まで紹介した偏見やブラックボックス化は、設計者が意図的に起こそうとしている問題ではありません。一方、機械が〝学習する〟特徴を利用して悪用されることへの警鐘も鳴らされています。

二〇一八年に公開されたケンブリッジ大学や〈オープンＡＩ（Open AI）〉の研究者らの報告書[23]は、人工知能の〝悪用〟に問題提起しています。この報告書では、人工知能の研究者や開発者は、技術のデュアルユース性（善用にも悪用にも使えるという二面性）を自覚すべきだと提言しています。技術者は、自分たちがつくり出す技術の悪用可能性が予見できる場合は、関連する人々に働きかけるべきです。そのためには政策関係者だけではなく、さまざまなステイクホルダーとも連携をしていくべき、と書かれています。

・**サイバー攻撃**

悪意ある攻撃の具体例として、サイバー上の攻撃があります。インターネット時代から問題であったものが、モノが情報通信技術とつながるＩｏＴ（Internet of Things）時代になり、さらに懸念が大きくなっています。一般社団法人日本クラウドセキュリティアライアンス（ＣＳＡジャパン）が二〇一七年八月にまとめた「ＩｏＴへのサイバー攻撃仮想ストーリー集」には、以下のような事例が掲載されています。[24]

●家電製品の乗っ取りによるＤＤｏＳ攻撃
●病院システムへのマルウエア感染
●監視カメラシステムの画像流出
●ビル・エネルギーマネジメントシステム（ＢＥＭＳ）への攻撃
●介護支援用ロボット端末の悪用
●農業工場の生産妨害
●自動車システムからの情報混乱
●デジタルサイネージ乗っ取り
●自動販売機への Man in The Middle（Ｍ·ｉＴＭ）攻撃ツール拡散
●遠隔医療機器へのマルウエア攻撃と脅迫

一見してわかるように、家庭や病院、自動車など、攻撃されたら命に関わる事例が少なくありません。サイバー攻撃は今や、サイバー戦争とでもいうべき領域に移っており、国家安全の枠組みとして対策を講じていく必要もあります。これに対し、二〇一六年に「ＩｏＴセキュリティガイドライン ver 1.0」[25]、二〇一七年には「サイバーセキュリティ経営ガイドライン ver 2.0」が公開されています。[26]

そのほかの技術的な対策としてはパソコンやサーバなどの動作状態データに基づいて、人工知能がシステムの定常状態を機械学習して異常検知する技術なども開発されています。[27]

・サイバー攻撃としてのフェイクニュース

機械を設計するにあたっては、今のところ人間が目的を設定する必要があります。機械は目的設定された作業を黙々と実行します。その〝目的〟が犯罪行為であったとしても、です。

ターゲットとなる人の情報を集めて、その人の興味関心を引きつけるようなサイトやメールを生成することを「ソーシャルエンジニアリング」といいます。この作業も機械を使うことによって、人力で行うよりもはるかに少ない労力で行うことが可能になります。同様に、個人を中傷するようなヘイトスピーチや情報操作もプログラムで行えるようになっています。

機械を使うコストが下がれば下がるほど、開発者にとって想定外な使い方や悪用をされる可能性は高くなります。二〇一六年のアメリカ大統領選では「フェイクニュース」が話題になりました。嘘の情報や報道であるにもかかわらず、読み手が事実として受け止めてしまいます。ソーシャルメディアを通じて拡散し、世論を動かすなど大きな影響力をもちました。フェイクニュースも一種のサイバー攻撃と考えられています。

最近では、文章だけではなく、高解像度の偽の画像や動画もつくれます。二〇一八年四月、ユーチューブに「あなたはオバマ前大統領がこの動画でいっていることを信じないでしょうね！」と題する動画が投稿されました。[28] 動画ではオバマ大統領がトランプ大統領をけなすなど、好き放題発言しています。これは「偽動画」ですが、そういわれても信じられないくらい、声も表情も本物らしさがあります。投稿動画の説明には、「私たちは、敵がいつでも誰かに何かをいわせることができる時代に突入している」と書かれています。

有名人だけではなく一般の人も対象にしたフェイク（偽）画像や動画が出回り始める中、動画サイトはそのような動画の公開の禁止へと動きました。また、ある画像や動画がフェイクか否かを見分けるための技術開発も進められています。たとえば、つくられた動画の人物は〝まばたき〟をしないことに着目してフェイク動画を見抜く技術が開発されました。[29] そのほかにも、フェイクの画像や動画の検出は〝ウイルス対策〟のように使われるようになるべきだという考え方もあります。[30] 見ている途中あるいは見る前に「フェイクである」ということがわかるだけでも、効果はあります。アルゴリズムによってつくられたフェイクにアルゴリズムで対抗をする、そんな世の中になっています。

・敵対的攻撃

〝学習する〟特徴を利用して、システムの判断に歪みをもたらす研究もあります。機械による画像認識は、人間と同等あるいは人間以上に精度が上がってきていますが、人間の見方と機械の見方は異なります。近年では、少しのノイズを与えただけで、人間は決してしないような間違いを起こすような研究がされています。

図１－10　ノイズ画像をはさんだ左右の絵は同じに見えるが、右側は「ダチョウ」と認識される。巻末注31より。

たとえば、二〇一三年に出された論文[31]では、図１－10の左下の画像は「犬」と正しく認識されますが、真ん中にある、ぼんやりした灰色の画像を加算してつくった右側の画像はすべて「ダチョウ」と認識されるそうです。人間の目には右の画像も左の画像もまったく変わりないのですが、機械の目には全然違うものと認識されます。

ＩＣＭＬ２０１８では、３Ｄ印刷されたカメを「ライフル」と認識する研究が紹介されました[32]。意図的に誤った学習を引き起こすような学習のことを「敵対的な攻撃（Adversarial attacks）」といいます。これは、機械に誤認識をもたらすという点でハッキングなどと同様、セキュリティの観点からも対策が必要です。

その攻撃方法と防御方法に関する研究が進められており、常に進化しています。未来永劫

〝絶対安全〟な技術はありません。人間の目をすり抜ける攻撃が起こり得るため、このように現在の技術の〝穴〟を指摘していくことも技術の発展には必要です。

・物理空間における攻撃

自律的に判断する機能をロボットやドローンに搭載することで、物理的、かつ自律的に機械が人を攻撃することが可能になります。また、遠隔操作やハッキングによって、自動運転車などを外部から操作できることへの懸念もあります。そのため、ハッキングによる事故の賠償に関しても政府で議論が行われています。[33]人工知能が身体性をもつことによって、物理的空間における攻撃の対策が必要となっているのです。とくに技術の兵器利用に関しては大きな問題となっているため、第4章でくわしく扱います。

有益な人工知能研究

システムがもたらす偏りや、システムを用いた悪用を定義、測定、緩和する研究が進められています。FAT（Fairness, Accountability, Transparency：公平、アカウンタビリティ[34]、透明性）という単語を使うコミュニティが大きいですが、中にはART（Accountability, Responsibility, Transparency：説明責任／答責性、責任、透明性）を掲げる研究者もいます。

二〇一八年からはFATに関する国際会議 ACM FAT* 会議が始まりました。二〇一九年の会議に向けて、公平性、アカウンタビリティ、透明性について以下のような研究トピックを歓迎しています。[35]

●公平性
・公平性に配慮したようなデータマイニングや情報検索、推薦システムの技術やモデル
・公平や偏見、差別という概念の定式化、それぞれの概念のトレードオフと関係性の議論

●アカウンタビリティ
・責任あるシステムを開発するためのプロセスや戦略
・技術のプロセスを公開するといった透明性を必要とせずにアカウンタビリティを保証する技術

●透明性
・機械学習モデルの説明可能性や解釈可能性
・プライバシーと透明性のトレードオフ

簡潔にリスト化されていますが、難しい課題です。また単に技術的な課題だけではなく、定義や戦略など、より広い枠組みで考える必要性も示しています。そのため、ＦＡＴ研究には技術者はもちろん、「公平性の定義」を考える人文社会科学系の研究者、具体的な対策を施行す

る実務家、政策関係者など幅広い人たちが関わっています。

「公平性」に関しては、本書でもバイアスにどのように対応していくかの研究を紹介してきました。また、ブラックボックス化を避けるために、どのようなしくみになっているかを説明して「透明性」を確保するといっても、コードを全部公開されたところで、多くの人は解釈できません。プライバシーや知的財産権の問題があるため、厳密にすべてのコードを公開することはできない場合もあるでしょう。そのため、「透明性を必要とせずにアカウンタビリティを保証する技術」が挙がっています。

公平性や透明性といった個々の要件だけではなく、その間にあるトレードオフに関して追求していくのも、このFAT研究の特徴です。リスクのトレードオフにはいくつかパターンがあります。リスクトレードオフとは、特定のリスク（目標リスク）を減らそうとした結果、ほかのリスク（対抗リスク）が増えてしまうことを意味します。さらにそのリスクを被るのが同じ集団なのか異なる集団なのかによっても区別されます（表1－1）。

リスクトレードオフの難しさは、目標リスクと対抗リスクが異なるタイプだったり、リスクの被害を受けるのが異なる集団や世代格差があったりする場合、単一の尺度やコミュニティだけではリスクに関する意思決定ができなくなることにあります。これらは「技術によって生じる社会的、倫理的な課題」あるいは「技術だけでは対応できない課題」と見なされがちです。

そのため、より早くより効率的なシステムをつくりたいという技術者には、自分には関係のな

表1－1　目標リスクと対抗リスクを比較したときのリスクトレードオフの類型

タイプ／集団	同じ	異なる
同じ	**リスク相殺** あるリスクを取り除いても、同種のリスクが同集団に生じる	**リスク代替** あるリスクを取り除くことで別種のリスクが同集団に生じる
異なる	**リスク移動** ある集団に対するリスクを取り除くことで、他集団にリスクが移動する	**リスク変換** ある集団に対するリスクを取り除くことで、別種のリスクが別集団に生じる

巻末注36を参考に作成。

い課題と映るかもしれません。

しかし、プライバシーという概念が出てきたときに、「自分の位置情報を特定されない技術」などのプライバシー強化技術といった研究テーマが生じました。人工知能技術が発展すると同時に、そこで生じる課題に対して〝技術には技術で対策〟を取る研究も重要になってきます。

本節で紹介した課題は、遠い未来の話ではなく、五年以内、あるいはもうすでに実装可能な技術です。悪用されないようにするしくみを組み込む、無意識のバイアスに気づくようなしくみを組み込むなど、人工知能を〝有益（beneficial）〟に使うための技術開発は、次節に挙げるような「まだ見ぬ技術」より差し迫った課題です。

3 AIマインド

夕暮れ時になると大陸からの商人がいなくなり、広場は半島の住人たちで埋め尽くされた。月明かりの下、酒盛りが始まる。歌うような、怒鳴るような議論もあちこちで始まる。

キツネの「お帰りなさい会」を兼ねた今回の宴会では、延々と議論が続いていた。

〈人間とは何か、知とは何か〉
〈自律や自我は存在するのか〉
〈心とは何か、われわれは何者なのか、

どこへ行くのか〉

笑い声と怒号が混在した宴会の席で、キツネがどかっとミミの隣に腰を下ろしてグラスを掲げた。

「いいなあ、この雰囲気。一晩でも二晩でも心や知性について語り明かせるマインドが私たちの研究の源だ！」

三　研究者の夢と「まだ見ぬ技術」

〝人工知能の父〟と呼ばれるマーヴィン・ミンスキー氏によると、人工知能は「人間のような知性をもつ機械をつくる科学」であり、人工知能研究は「科学」であると強調されています。「まだ見ぬ技術」を求めるフロンティア精神あふれるこの領域は、面白さと危うさをはらんでいます。

生命科学の倫理を論じる櫛島次郎氏の『生命科学の欲望と倫理』（青土社）では、「儲けたいなどの現世利益を求める欲望」とは別に、人間には「科学する欲望」があると指摘しています。「この世界はどうなっているのか、なぜそうなっているのか知りたいという欲望こそが、ヒトを他の動物から分かつ、最も人間らしい本質」だというのです。人工知能研究における「科学する欲望」は、人間の知を科学的に探究すること、すなわち「知とは何か」「心とは何か」「人間とは何か」を模索することです[37]。本節では、人工知能研究者の研究に対する思いや目的といった、研究の舞台裏を見ていきます。

汎用人工知能への道

謎の解明と体系的な理解を目的とする「科学する欲望」を満たす究極の目的の一つに、自律、自我、意識や感情をもつ「汎用人工知能（Artificial General Intelligence：ＡＧＩ）」をつくりたいという研究課題があります[38]。人間は少ないデータや多少の間違いのあるデータが含まれていても、物事の本質を見極めることができます。曖昧な指示でも自ら考えて対応できます。どのような状況にでも人間のように対応できる汎用型の人工知能をめざしている研究者も少なくありません。

現在の確率・統計型の人工知能のプログラムと人間の脳内で起きていることは違います。前節の「説明可能な人工知能」で少し触れましたが、人間と同じように考える人工知能をつくるためには、そもそも人間の脳内プロセスがどのようになっているのかの解析が不可欠だろうと考えられています[39]。逆にいうと、現在の人工知能からは「人間とは何か」は学べません。

物理学者のリチャード・ファインマン氏の有名な言葉に「つくれないものは理解できない」があります。ひっくり返して「つくれるからといって理解している」といえるかは別の問題ですが、少なくとも、つくることは、理解するための一つのアプローチとなります。解析した結果を機械で構成的につくり上げて、同じ動作をするかどうか検証することによって、初めて〝人間と同じように考える〟機械ができ、人間と同じように考えるからこそ、意味が理解できる、人間にとって理解可能な説明をしてくれる機械への一歩になると考えられます。

そのため、汎用人工知能へつながる道としてルールベースの人工知能と確率・統計型の人工知能の組み合わせの研究や、人工知能と脳科学とを関連づけた研究も進められています[40]。脳の情報処理のしくみは動的であって、深層学習で行われている処理とは異なります。脳の解明を進め、それを人工知能技術へフィードバックする、あるいはその逆を行うことで、より人間に近い学習をする機械が模索されています。

•自由意志とは何か

人間を理解するために人工知能の研究をする、という研究者は少なくありません。人間が言語化できずに無意識に行っている判断や行為も、機械に学習させることを通して明らかにできるかもしれないからです。人間の無意識を解明することは、裏を返せば無意識に干渉する技術にもなりえます。論理的ではないとされていた人の非合理的な振る舞いや感情も、予測やコントロールが可能ではないか、とする考え方につながります。

人の動きや判断を統計的に分析し、好みや判断を誘導するしくみは構築できます。どのように接客したら人々は買いたくなるのか、どのようなレイアウトや陳列にしたらよいのか、どのような順番で薦めればよいのかなどは、行動経済学で研究されています。買い物履歴や交友関係などのデータを組み合わせてプロファイリングすれば、非常に強力な誘導ツールとなります。

技術によって人の音声や表情を加工できます。感情と行動に関しては、「悲しいから泣くのではなく、泣くから悲しい」という「ジェームズ＝ランゲ説」が知られており、人は自分の声や表情が〝悲しい〟と、それにつられて〝悲しい〟感情に変化するという実験結果もあります。(41)

このような観点を発展させ、究極的に人には自由意志や自律性などない、幸せも定量化できて、感情や行動はプログラミング可能だという極論も出てきます。すべてコントロール可能であれば、全体最適を考えて人や社会の幸福を最大化できるとする考え方は、人によってはディストピア的にも、ユートピア的にも映るかもしれません。それがディストピアかユートピアかという印象論ではなく、「人間とは何か」という根本について学術的に考える異分野の共同研究も求められています。

・心とは何か

自由意志、自律性と並んでよく議論されるのが〝心〟の問題です。鉄腕アトムやドラえもんなど〝心をもつ〟、〝人間と心を通わせることができる〟存在をつくりたい。しかし、何をもって〝心がある〟と判断できるでしょうか。人がペットロボットと心を通わせ、心が宿っていると思うかは、認識や解釈の問題です。極端な話、目の前に座っている人が意識や心をもっているかは、外からはわかりません。

ロボットや機械が〝心をもっている〟と人間に感じさせる表情や判断をうまくプログラムできれば、表面上、自律的に振舞えるような人工知能やロボットをつくれるでしょう。ではそのような技術は実現するのでしょうか。そして、実際につくってもよいのでしょうか。心が通じ合い、信頼できるロボットやエージェントをつくれるかという研究も行われています。[42]

人間に太刀打ちできる人工知能の実現可能性

現在の技術と汎用人工知能研究には、かなりの隔たりがあります。にもかかわらず、研究の目的やモチベーションの近さのせいで、社会的な不安や懸念をもたらします。研究者の「科学する欲望」は、研究者ではない人たちには〝マッドサイエンティスト〟的に映ります。

汎用人工知能をめざす研究者は〝人間のような知性をもつ機械〟をつくりたい。そのため、そのような機械が実現できないとはいいません。それがなおさら、一般の人々には自律的で自我をもつ人工知能がすぐにもできて、人類を脅かすのではないかという懸念を膨らませます。

互いの意思疎通を図るために、研究者に「いつ実現すると思いますか」などと期間を区切って聞くべきです。一つ興味深い研究を紹介しましょう。専門家は何年後に「人間に太刀打ちできるような認知能力」をもつ人工知能が実現すると予想しているかの調査です[43]。

調査結果には専門家だけではなく非専門家の予測も入っていますが、専門家と非専門家の予想に差はありませんでした。

もう一つ、この調査結果の面白い点は、「何年後か」という質問に対し、短い人は一五〜二五年、長い人は、三〇〜四〇年後、あるいは一〇〇年以上先と予想に幅があることです。専門家間でも明確な意見の一致があるわけではないのです。予想はどの年代でも常にだいたい二〇年から四〇年先を示しています。一九五〇〜八〇年代は二〇〇〇年あたりが一つの基準であり、九〇年代以降は二〇四五年あたりが一つの予想基準点となっています。この背景にはおそらく

『2001年宇宙の旅』（一九六八年公開）や、カーツワイル氏の「シンギュラリティ」に関する一連の著作〔*The Age of Spiritual Machines*（1999）や*The Singularity is Near*（2005）など〕の影響もあると思われます。

もちろん「人間に太刀打ちできるような認識能力」とは何かという定義問題もありますが、専門家にとっても、この技術は今のところ「まだ見ぬ技術」なのです。

人間がまだ見たことのない知性

「人間理解」のための汎用人工知能研究ではなく、人間とはまったく異なる〝知性〟でもいいから、現在の技術の限界を試してみたいとする研究もあります。ある国際会議で、「なぜ人工知能の研究をするのか」という問いに対し、航空工学の父とも呼ばれるセオドア・フォン・カルマン氏の言葉を引用された中国の研究者の方がいました。それは「科学者はすでに存在している社会を発見し、工学者はこれまでに見たことのない世界をつくり出す」という言葉です。現実世界で空を飛ぶのは〝鳥〟ですが、空を飛ぶ道具として人間がつくり上げたのは鳥とはまったく異なる鉄の塊〝飛行機〟でした。人工知能研究者の松尾豊氏も著書の中で、人工知能研究者は人間を理解しようとして人間のような知性や心をもつ人工知能の研究を行っているものの、最終的には人間とはまったく異なる知性をもつ機械が出来上がる可能性を指摘しています。

汎用人工知能とは何かという概念も、そのつくり方もさまざまな考え方があります。

・想定外が望まれる研究

道具として技術を使う場合、想定外は排除の対象です。とくに、交通や医療など命に関わる技術では事故を起こさない、死なせないなどの〝正解／不正解〟が究極的には定まっています。万が一想定外が起きたら、大事故となります。

一方、既存の物理法則や人間の認知的な思考の枠を超えた〝想定外の結果〟を機械が生み出すのではとの期待があります。汎用人工知能といわなくても、現在、人間はアルファ碁がなぜその手を打ったのかということを解釈するために、アルファ碁のつくり出す新手を研究しています。また、人間ではできないような数の試行錯誤をして、医薬品の候補となる化合物の自動提案が行われています。従来では実験結果の後づけとしてシミュレーションが行われていましたが、先にシミュレーションを行うことで、効率よく実験ができます。人工知能でノーベル賞を狙うプロジェクトも動いており[44]、機械と人の協働による研究活動が期待されます。

自律的に学習する技術は芸術分野でも存在感を増しています。クリエイティブAIと呼ばれるジャンルでは人工知能がクリエイターたちの仕事をサポートするだけではなく、人間の考える〝アート〟の定義を拡張しています[45]。現在、絵画や音楽、小説や脚本などの創作物が自動生成されています[46]。

遅すぎることはない議論

「まだ見ぬ技術」の社会的影響は、前節で紹介した既存の技術がもつ課題とは区別して考えられるべきです。しかしリスクという観点からは「まだ見ぬ技術」を思考実験的に議論する意義はあります。とくに、汎用人工知能は、それが〝人間理解を助けるための知性〟であっても、あるいは〝人間とはまったく異なる知性〟であっても、役に立つことには変わりはないでしょうから、最初に実現した組織の独占状態になることが予想されます。

そのような問題意識からチェコのスタートアップである〈グッドＡＩ（GoodAI）〉は、汎用人工知能が開発されるシナリオを作成しています。そして、開発者が競争ではなく協調できるための枠組みをどのようにしたらつくれるかの議論を開始しました。二〇一八年にはＡＩ競争に伴うリスクを緩和するアイディアを競うコンテスト「ＡＩ競争解決チャレンジ」が開催され、四一カ国から五九の応募があったことをウェブサイトで公開しています[47]。

コラム①

人工知能冬の時代

私は二〇一四年頃から人工知能研究者とお話させていただいています。その頃は、まだ一般にはブームは来ていませんでした。二〇一五年頃に政策レベルで人工知能関連の予算がつきはじめ、それ以降メディアでも人工知能の文字を見ない日がないような日が二〇一九年現在まで続いています。人工知能研究分野は過去二回の〝冬の時代〟がありました。ここまでブームが明確に分かれる分野は興味深いです。

冬の時代にもかかわらず研究を続けてきた人たちこそが〝AIマインドをもつ〟という人もいます。人工知能研究者として真っ先に一般の人から名前が挙がる松尾豊氏は『人工知能は人間を超えるか』で、昔、面接でいわれたことを今でも覚えていると書かれています。

本当の知的好奇心をひた隠しにして、表向きは人工知能という看板を下ろして研究をつづけた。

人工知能学会元会長である松原仁氏もSankeiBizのAI特集のインタビューで第二次人工知能ブーム前夜の様子を次のように述懐されています。[48]

天の邪鬼だったかもしれないですね。今のように人工知能がもてはやされていると、ちょっと落ち着かないんですよ（中略）当時の先生から、「人工知能なんかやったら身を滅ぼすぞ。そんなのやっている奴は人間の屑だ」と言われたんです。はい。本当に「人間の屑」という言葉を使われたんです。

松原氏は『AIに心は宿るのか』のあとがきでも、人工知能の研究をしたいといったら「きみはそれなりに優秀なんだから、堅気の道で、まっとうなことをやりなさい」「きみは人生を棒に振るつもりか」といわれたと書いています。

クラウドサービスやマルチエージェント、ヒューマンインタフェース技術の研究者である石田亨氏は、ある会社での面談の様子を回想しながら、「人工知能」というのはサービスではなく「研究分野」だといいます[49]。

> 「何の研究しているの？」と学生が質問されて、人工知能と答えたら、「まだやっているの？」と言われたことがあるんです。あれは象徴的でしたね。人工知能は研究分野なんですよ。研究分野というのはそんなに簡単に始まったり、終わったりはしないんです。（中略）バズワードとして使われると、一回目のサイクルは、予算もつくけど、二回目はその期待に応えていないとつかない。期待に応えるものがあったら良いけど、普通のレベルの期待じゃないと、応えられない。それ以上の期待をされてもなかなかついていけないんです。そして、人工知能は研究領域なので、研究者はそこから逃れられない。

人工知能という研究領域は第二次ブームの第五世代コンピュータの時代、大量の資金が投資されてきました。その反動もあり冬の時代にはさまざまな批判を外部から浴びせかけられました。第三次ブームの現在、公的資金だけではなく民間からの期待も大きくなっています。政治や経済的な思惑の中で、人工知能の研究は続いているのです。

4 一夜明けて

翌朝、昨晩の議論などなかったように、広場はふたたびビジネスの話で埋め尽くされていた。

広場でミミがキツネと話をしていると、タヌキが「やあ」とやってきた。

「どうだい、景気は」とキツネが茶化す。

「悪くはないけどさ。まあ私らはつくりたいものをつくれればいいんだ」

「つくりたいものつくれてる？」

ミミの問いかけに、タヌキは「やりたい研究と出口のあいだはまだギャップがある」とため息をついて隣に腰かけた。

「人もお金も足りないし、申請書とか契約書とか、研究じゃないことに振り回されてウンザリ。誰かポーンと自由に使えるお金と場所をくれないかなぁ」

「あの人、スポンサーじゃないの？」ミミが指さす先には、タバコをふかしたサルが座っていた。

「あのおじいさん、偉そうなこというけれど、いつも『俺は逃げ切れるからな』っていうの。もうすぐ定年だからって、結局何も動かないんだ。割を食うのは私たち若手から中堅ってコト」

タヌキはひとしきりしゃべってすっきりしたのか、立ち上がったときには不敵に笑っていた。

「まあ、それでこそやりがいがあるってことよ。見てらっしゃい」

第2章 人工知能の価値をめぐって

第1章で紹介したように、公平性に関する現実的な懸念のほか、「まだ見ぬ技術」への脅威を感じさせる人工知能の研究開発には、ガイドラインが求められています。しかし、ガイドラインづくりには「自由な研究開発を阻害するのではないか」、「アメリカや中国に負けてしまうのではないか」といった産業界からの懸念もあります。

本章では研究開発から実用化を視野に入れたときの、人工知能に対する産学官民の懸念と取り組みを紹介します。

一　イノベーション起爆剤としての人工知能

日本は現在、さまざまな課題を抱えています。少子化や地方の過疎化、高齢化に伴う医療費の増大。二〇二四年には五〇歳以上の人口が五割を超えるのが確実といわれる中、働き方改革

表2－1　1995年、2005年のランキングと2019年1月のランキングおよび企業時価総額

	1995年	2005年	2019年1月	10億米ドル
1	NTT（日本）	ゼネラル・エレクトリック（米）	マイクロソフト（米）	779.67
2	ゼネラル・エレクトリック（米）	エクソン（米）	アップル（米）	748.54
3	ロイヤル・ダッチ・シェル（オランダ）	マイクロソフト（米）	アマゾン・ドット・コム（米）	734.416
4	AT&T（米）	シティ・グループ（米）	アルファベット（グーグル）（米）	723.47
5	エクソン（米）	BP（英）	バークシャー・ハサウェイ（米）	502.60
6	コカ・コーラ（米）	ウォルマート（米）	テンセント（中国）	380.07
7	メルク（米）	ロイヤル・ダッチ・シェル（オランダ）	フェイスブック（米）	376.73
8	フィリップ・モリス（米）	ジョンソン＆ジョンソン（米）	アリババ（中国）	352.53
9	トヨタ（日本）	ファイザー（米）	ジョンソン＆ジョンソン（米）	346.11
10	日本興業銀行（日本）	バンク・オブ・アメリカ（米）	JPモルガン（米）	324.63

1995年と2005年はウィキペディアのフィナンシャル・タイムズ・グローバル500より（https://ja.wikipedia.org/wiki/フィナンシャル・タイムズ・グローバル500）。2019年1月は180.co.jpより引用（http://www.180.co.jp/world_etf_adr/adr/ranking.htm）。

を含む構造改革、ベーシックインカムを含む社会福祉の見直しと同時に、技術革新による経済的発展が喫緊の課題として掲げられています。

日本の危機意識

このような状況において、中国やアメリカと比較して日本は人工知能技術の社会実装、出口戦略がうまくいっていないのではと危機意識をもっている人たちがいます。

よく引き合いに出されるのは企業の時価総額です。表2－1に示したのは一九九五年、二〇〇五年のランキングと二〇一九年の企業時価総額です。

二〇一九年一月現在、トップ10にランクインしているのはアメリカと中国の巨大IT企業がほとんどです。これらの企業の多くは二〇〇〇年代後半から新たなサービスを提供することで急激に台頭し、経済の起爆剤となっています。日本で暮らしていても、アップルやアマゾン、マイクロソフト、グーグル、フェイスブックなどを使わずに生活するのは困難です。ちなみに二二位には韓国のサムスン電子がつき、日本の企業としては四一位にトヨタ自動車（一六八八億ドル）が出てきます。

何か購入したいと思ったとき、何か情報を得たいと思ったとき、私たちはまずはその商品や情報が集まっている〝場（プラットフォーム）〟であるウェブサイトやアプリを起動します。前述のアマゾンやグーグルなどはプラットフォームを提供している企業です。データを大量に蓄積しているため、情報の信頼性が上がっており、ユーザの囲い込みが起きています。また、ユーザだけではなく技術者の囲い込みも起きています。巨大企業が蓄積した人々に関する大量のデータは「知とは何か」などを探求する研究者にとっても、とても魅力的でしょう。大学や研究所にいるよりも実践的な研究が進められる可能性もあります。研究者の「科学する欲望」が資本をもっているスポンサーと結びつき正当化される、そのような時代にすでに突入しているのです。

しかし医療や農業、製造業などの領域では、分野固有の知識や経験、国の法律や制度への適合性、ユーザのリアルタイムデータが重要です。そのため、このような分野に対して日本独自のプラットフォームやサービスの構築をめざし、投資が行われています。ただ、投資に関しても課題が指摘されています。たとえば近年、企業や巨額の富をもつ個人投資家の存在が無視できなくなっており、企業の利益を生み出すもの、あるいは個人投資家の関心などによって、技術発展の方向性が決まる可能性があります。また、グーグルやフェイスブックの人工知能研究への投資は、年間数千億円を超えるといわれています。一方で、日本政府の人工知能研究への投資は、その一〇分の一以下にとどまっています。

投資戦略の課題

表2-1で二〇一九年のトップ10にランクインしている企業の多くは創始者が二〇から三〇代といった若いときに立ち上げたベンチャー企業です。日本でもそれにならって、大学などで開発された実用化可能な技術をインキュベーション施設で支援して起業させ、投資を行うことで最終的には上場か大企業による買収、といったサイクルを回すしくみをつくるべきだとする考え方があります。

企業としての評価額が一〇億ドルを超える「ユニコーン企業」がたとえすぐ出てこなくても、早いスピードでいろいろなアイディアを実現化していく土壌をつくることで、産業や経済を活性化させることが目的です。実際日本でも二〇一六年のベンチャーキャピタルの投資額は九五〇億円（二〇一四年は六四六億円）と、順調に伸びているとの調査があります。一方で、同年アメリカの投資額は七・六兆円（日本の八〇倍）です。[1] アメリカと比較すると、日本はベンチャーキャピタルによる投資額や個人の投資家（エンジェル投資家）が少ないともいわれています。

そのため、二〇一六年には日本経済再生本部から「ベンチャー・チャレンジ２０２０」が発表され、ベンチャー企業へのベンチャーキャピタル投資額の対名目ＧＤＰ比を二〇二二年までに倍増（二〇一二〜二〇一四年の平均が約〇・〇三％）させるという目標が設定されました。各省庁が連携する政府関係機関コンソーシアムとベンチャー支援に関わる政府全体のアドバイザリーボードも同時に設置されました。[2] 現在は、民間だけではなく省庁もスタートアップ支援やクラウドファンディング、大企業とベンチャー企業のマッチングなどの支援を行っています。[3]

産業構造の課題

投資以前に、日本の研究開発全体が、産業構造の変化に対応できていないことも問題視されています。少し前の資料ですが、二〇一二年の『科学技術白書』で、日本は「伝統的な学問分野の体系に即した研究が多く行われて」いるため、「新たな学際領域の研究や多様な分野の知見を結集した融合研究に臨機応変に取り組むといった仕組みにはなっていない」と書かれています。[4]

白書では、分野領域別の文献数の推移が示されています。世界では一九九〇年代は電気電子分野の文献が多かったものの、二〇〇〇年代は情報通信分野の文献が増える傾向にあります。これに対し日本では、二〇〇〇年代以降も一貫して電気電子分野での文献数が多い傾向がありますす（図2－1）。さらには異分野間、とくに人文・社会科学系と自然科学系との連携・融合もきわめて少ないことが合わせて指摘されています。

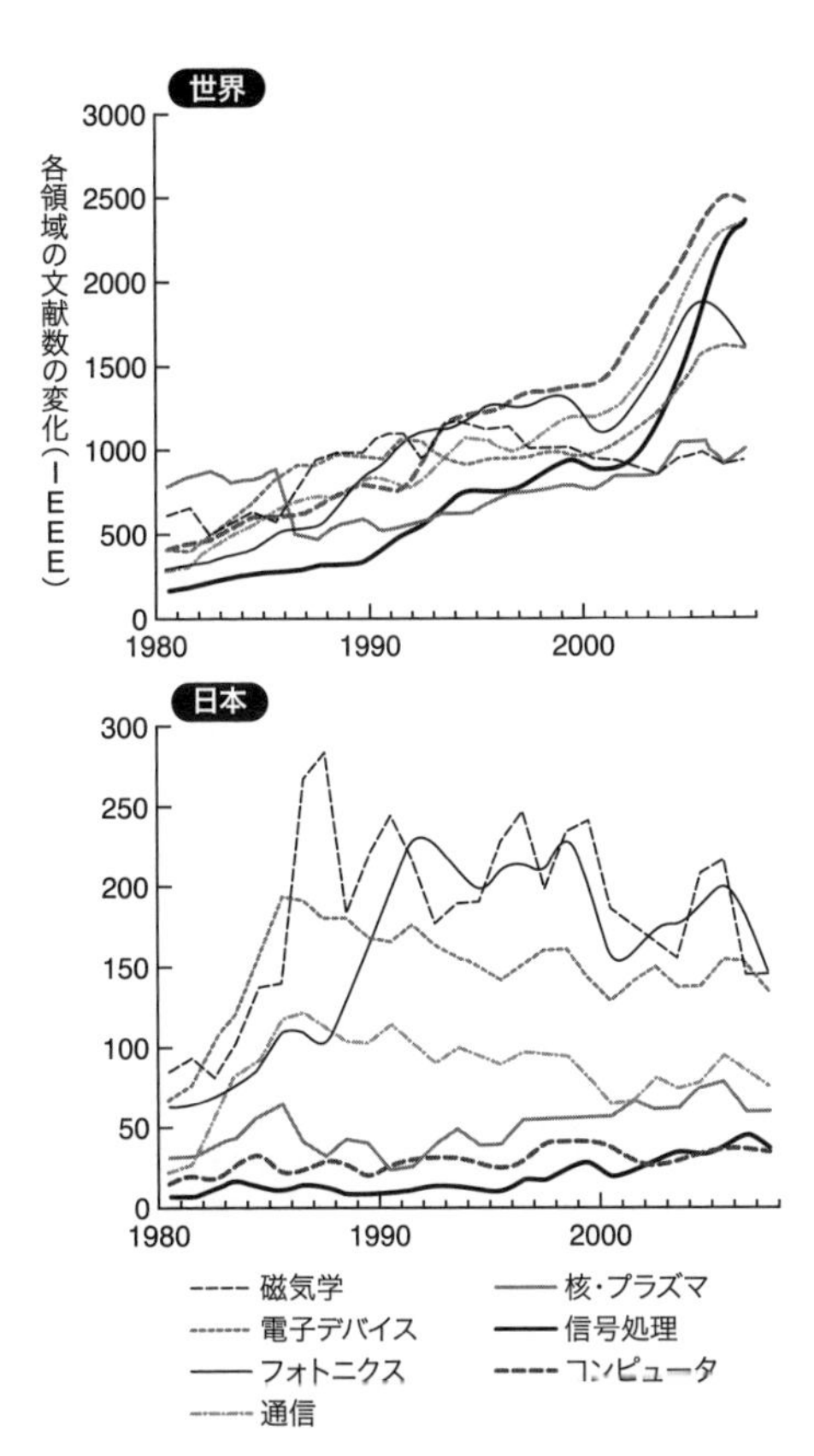

図2－1　日本と世界における各領域の文献数の変化。巻末注4より作成。

人材育成の課題

日本は情報技術を使いこなせる人材が少ないとも指摘されています。みずほ情報総研の調査によると、先端ＩＴ人材（ビッグデータ、ＩｏＴ、人工知能に携わる人材）の数は二〇一六年においてすでに約一万五〇〇〇人が不足しており、その数は二〇二〇年には約四万八〇〇〇人にまで拡大すると推計されています。(5)

カナダの人工知能スタートアップである〈エレメントＡＩ〉が各国の人材数を比較した結果、アメリカ（一万二〇二七人）、イギリス（二一三〇人）、カナダ（一四三一人）がトップ3を占めました。そのあとはドイツ、フランス、スペイン、中国、インドと続き九位に日本がランクインしています。(6) 英語のデータソースを優先しているというバイアスもありますが、人材の不足は日本国内でも課題となっています。

•最先端の技術者はどこに

最先端の技術や課題に関しては教科書がつくられるのを待っているわけにもいきません。研究者たちは各種国際学会での発表論文のほか、〈arXiv（アーカイブ）〉という論文投稿サイト(7)で情報を入手しています。実際、第1章で紹介している論文の多くはarXivに投稿された論文です。

では、最先端の知識を身につけている人かどうかを、どのように判別したらよいのでしょうか。

その一つとして、スポンサー企業がデータや問題を公開して機械学習モデルの構築を競う〈Kaggle（カグル）〉のようなプラットフォームがあります。[8] 参加者は与えられたデータを分析して課題解決のためのモデルをつくります。期間終了後に順位がつき、高得点の人にはメダルとスポンサー企業からの賞金が与えられます。コンペティションが最先端の学習の場になっているだけではなく、メダルによってランキングされるため、技術上位者を見分ける指標となります。

このようなコンペティションのほかに、資格試験があります。二〇一七年に設立された日本ディープラーニング協会は「ディープラーニングの理論を理解し、適切な手法を選択して実装する能力を持つ人材」のため資格試験（エンジニア資格）を運用しています。[9]

・裾野を広げる

技術の進展とともに、さまざまな社会的な課題も浮上してきます。そのため、技術者ではない人も技術についての知識を獲得することが必要になります。とくに技術を社会実装していく場合、研究開発者だけではなくほかの分野の研究者、企業であれば経営者、法務、広報などの人々も、人工知能技術やその法的、倫理的、社会的な課題の知識や事例を知っておくことが求められます。日本ディープラーニング協会では前述の資格試験のほかに、「ディープラーニングの基礎知識を有し、適切な活用方針を決定して事業応用する能力を持つ人材」のための検定(ジェネラリスト検定)も運用しています。問題の中では、法的、倫理的、社会的な課題も扱っています[10]。

技術進歩が速い中、学校教育の役割も重要です。内閣府統合イノベーション戦略推進会議の中にあるAI戦略では「教育改革」が重点方針の一つとして取り上げられています[11]。大学入試改革と合わせ、文理を問わず「国民誰もがAI・数理・データサイエンスの素養を習得」、「ダブルメジャー制度などを活用し、専門領域において、AI・数理・データサイエンスの知見を活用する人材を輩出」が掲げられています。大学に求められる役割も大きく、官僚や企業の人がふたたび大学に戻って研究をする(リカレント教育)など、産学官の結びつきが強くなってきています。小学校から大学、さらには卒業後まで先端情報技術を使いこなせる人材を輩出しようとさまざまな施策が提案されているのです。

倫理的な課題

一方で、「倫理なんか考えていたら負けだ」という声があります。技術発展において法や倫理はイノベーションを阻害するだけだ、プライバシーなどもたかだかここ二〇〇年くらいで生まれた概念であって、人々の意識はどんどん変わっていくというのです。

何か問題が起きたら事後的に対応をすればよい。裁判で決着をつければよい。早く市場の主導権を握らないと、最初に技術開発した企業がひとり勝ちしてしまう（Winner gets all）社会では、法や倫理などを考えずに、技術開発をしていくのが正解だとする考え方です。

あるいは、産業推進の枷になるからという理由ではなく、純粋に知的好奇心を満たす研究をするのに倫理や法は考えたくないという人もいるかもしれません。人工知能冬の時代は自由に研究ができていた人が、ブームになって「すぐ役に立つのか」「暴走しないか」など分野外からつつかれるのが煩わしいと感じていることもあるでしょう。

「問題視されないため議論にもならない」のが、技術の提供側にとっては一番楽かもしれませんが、「問題があるけれど、議論ができない」事態は避けたほうがよいでしょう。「技術が社会で使われる前にその影響力を予測することは難しいが、一度普及してしまった技術は制御するのが難しい」というコリングリッジのジレンマ[12]があります。ジレンマへの対応として、問題が起きる前、つまり技術の開発段階など上流から、さまざまな人たちを関与させることが重要です。

社会的な影響の大きい技術開発には、倫理への配慮、制度づくりが求められます。また制度づくりは研究を守ることにもつながります。次の節では産学官民で議論されている「人工知能と倫理」の論点を整理します。

5

出発、そして都へ

話を聞いてくれてありがとう、とタヌキがミミにいう。

「あんた、やっぱり聞き上手だね。この半島以外にも、あんたが活躍できる場所はあると思うけど」

キツネが「まだ早いって」と口を挟む。

いつか連れてってやるよ、とキツネはいうが、帰ってきたばかりのキツネがふたたび半島を出ていくのは当分先になるだろう。

「それならば、私と一緒に行きませんか?」

背後で声がして振り返ると、マントを羽織ったネコが音もなく立っていた。見かけない顔だったが、キツネとは顔見知りのようだった。

「私はこれから都経由で国に戻るんですが、都でもあなたのことは噂になってるんですよ。あなた、技術のリスクを減らしてうまいこと使う方法の相談に乗ってあげていたでしょう」

それを聞いたキツネがタヌキをにらみ、タヌキは明後日(あさって)のほうを向く。ミミは、キツネの留守にタヌキの手伝いとして、技術を最大限生かせる方法の相談に乗っていた。

「どうでしょう、現在、あなたの力を必要としている人は、いっぱいいると思いますよ」

ネコがにこにこと誘い、ミミにもその提案は魅力的だった。

心配そうなキツネと頑張ってねと励ますタヌキに手を振り、ミミはネコと汽車に乗り込んだ。

二　「人工知能と倫理」の論点整理

「倫理」というと、学術的には倫理学や哲学からの議論が予想されます。

しかし現在、一般的に「人工知能の倫理（AI Ethics）」として議論されているのは、一般の人々（public）の人工知能技術に対する考え方や価値観についてです。現在、人工知能の倫理を考える報告書は、国内外のさまざまな機関から提出されています。各報告書は十数人、多いところでは二〇〇人以上が参加して作成されています。多様な意見を吸い上げるため「人工知能の倫理」の議論には哲学・倫理学者だけではなく、技術者、社会科学者、実務家、政策関係者など異分野や異業種の人たちが参加しています。多くの報告書が、導入文に「一般の人たちの人工知能に対する懸念や不安への対応の必要性」を書いています。一般の人々が人工知能に対して抱く不安が大きく多様であるために対応が必要となっており、そのときに使われる言葉が「倫理（ethics）」なのです。シンギュラリティのようなSF的な懸念もあれば、人工知能に仕事を奪われるといった現実的な懸念もあります。

「人工知能」という言葉も多義的ですが、「倫理」の使われ方も多様です。まずはざっくりその内容を「研究（者）倫理」「人工知能の倫理」「倫理的な人工知能」の三分類で整理します。

表2－2　人工知能学会の行動指針

1．人類への貢献	6．誠実な振る舞い
2．法規制の順守	7．社会に対する責任
3．他者のプライバシーの尊重	8．社会との対話と自己研鑽
4．公平性	9．人工知能への倫理順守の要請
5．安全性	

研究（者）倫理

まずは「研究（者）倫理」があります。研究者がもつべき責任や心構えなどを定めたものです。これは人工知能に限らず、研究者であれば守るべきものとして大学などの研究機関ごと、あるいは情報科学、生命科学などの領域ごとにも定められています。

情報科学に関する研究者の倫理に関しては、古くは一九七二年に国際計算機学会（ACM）が倫理綱領を（のちに一九九二年に新綱領を制定、二〇一八年に新たな行動規範を策定）、アメリカ電気電子学会（IEEE）も一九七四年、一九九〇年に倫理綱領を策定しています。日本でも一九九六年に情報処理学会が、一九九八年に電子情報通信学会が制定し、今日にいたるまで改正が行われています。

二〇一七年二月に公開された人工知能学会の倫理指針の内容も〝学会員として〟の守るべき行動指針を示しています[13]（表2－2）。

・原則や規範の効用

原則となる理念や行動規範があることで、研究者には規範を順守する責任が生じます。同時に、原則があることで、万が一問題が起きたときに原則に立ち返って「規範を順守していた」として研究者を守ることもできます。逆にいうと、原則が確立していないと、問題を自分たちのコミュニティで判断できなくなり、外部による評価に委ねなければならなくなります。研究者や企業という中での自主的な規範や規律は、自分たちの活動や行動を守るためにも必要になるのです。

また、原則や理念を打ち出すのは、対外的に〝信頼〟を得るためでもあります。技術を開発、運用する人や組織が〝信頼〟できるしくみのほうが、新しい技術が出てくるたびに一つひとつ検証をする必要がなく負荷が軽くなります。そのためにも信頼に足るかどうかを判断してもらう原則が重要になります。人工知能学会の倫理指針もそのような目的で制定されました(14)。

・責任の範囲

研究者は、自分が開発した技術に対してどこまで責任を負うのでしょうか。開発した技術だけではなく（狭義の責任）、その技術の影響が及ぶ範囲（広い責任）までもつべきだとする考え方があります。『科学者の責任』（産業図書）の中で科学哲学者のジョン・フォージ氏は「科学者は自分が意図するもの及び自分の行為として自分が予見するものに責任があるだけではなく、自分が予見しない行動や結果についても責任を負いうる」とする、広い責任の見方を提案しています。

これは技術の〝悪用〟可能性について、技術者がどこまで想定するべきかにも関わってきます。「悪用をする人が悪く、開発者は悪くない。そうでなければ包丁をつくった人は訴えられなければならない」というロジックはよく見かけます。しかし技術の〝善用〟を語るときは、人工知能やロボットが人と共生する社会を掲げ、技術の〝悪用〟に関しては、人と技術を切り離して考えるのは、やや恣意的な区別のようにも見えます。

これに対し、科学文化人類学者であるブリュノ・ラトゥール氏の議論を参照しながら、人工知能技術に関する責任を相互浸透的な視点から議論する異分野連携のプロジェクトがあります[15]。ラトゥール氏は、銃規制派の「銃が人を殺す」と、全米ライフル協会の「銃が人を殺すのではない。人が人を殺すのだ」という二つの対立するスローガンを両方とも誤りであると指摘します。人と銃を主体と客体に区別するのではなく、「手にした銃によってあなたが変わるように、銃もあなたにもたれることによって変わる」といった人と銃が相互浸透した複合体であるという見方を提示します。責任範囲の問題は、自律的に意思決定や判断をする機械が出てきたら、さらに難しくなります。それを見据えた法哲学的な議論も始まっています。

・安全保障技術／軍事技術への対応

研究者倫理に絡んで関心が高いのが、安全保障技術、軍事技術と人工知能技術の関係です[16]。人工知能技術に対する軍の期待は高く、ＤＡＲＰＡは応用研究だけではなく、野心的な研究やすぐ役立つかわからない基礎研究にも投資を行っています。中国でも「軍民融合政策」が推進されています。軍事研究を正当化するとき、「どこか別の研究機関が倫理的な配慮なく開発する前に、予防策の模索も含めて世界で最初に開発をする」というロジックがよく用いられます。誰かが「何かをもっている」「何かを知っている」「何かをつくっている」という情報は、ときに研究を正当化します。

研究者が軍からの資金に抱く懸念として、自身の研究が非人道的な目的で使われることがあります。そのほかに研究が機密扱いとなることで〝学問の自由〟が保てなくなることもあります。〝学問の自由〟とは、何を研究するか、またその成果をほかの研究者と共有するにあたって、外部からの制限や介入を受けない自由があるとする考え方です。そのため、「研究成果を公開してはならない」とされる研究費は受け取らないことによって、軍事研究に加担していないという立場を表明する考え方があります。

一方、公開性への制約がない研究費でも、研究が軍事にも使えるとみなされる可能性があります。[17] 災害救助のためのロボットはデュアルユーステクノロジー（軍事と民生両方に使える技術）であり、戦場で兵士の代わりに動くロボットにもなりえます。この場合、資金の出どころで自分の研究が軍事に使われるかどうかは判断できません。また、共同研究をしている企業が軍から資金を得ているために、間接的に軍事予算を受け取ることは十分にあり得ます。その場合、自分の研究が軍事転用される可能性があるだろうか、もし使われたときに研究者自身はどのような責任があるのかに思いをめぐらせる必要があります。

また研究者個人だけではなく、組織としての対応も求められています。二〇一八年二月、韓国科学技術院（ＫＡＩＳＴ）が韓国の軍事企業でもある〈韓華システムズ（Hanwha Systems）〉と協働で研究拠点を新設したところ、「ＫＡＩＳＴが自律型兵器を開発する」という記事が韓国メディアから英語で発信されました。これを受け、四月にはスチュアート・ラッセル氏やジェフリー・ヒントン氏などを含む著名な人工知能の研究者たちの署名付きで、「韓国科学技術院（ＫＡＩＳＴ）が自律型兵器システム研究を行う限り、ＫＡＩＳＴとの協同研究を中止する」とした宣言文が公開されました。

この公開書簡に対し、ＫＡＩＳＴ側は「自律型兵器システムを開発するとは宣言しておらず、韓国メディアの誤訳・誤解によるものである」と反応しました。しかし、これが公開書簡を出すまでのスキャンダルとなったのは、そもそも署名を率いていた研究者による問い合わせに、ＫＡＩＳＴの誰も反応しなかったからだということが明らかになりました。[18]

人工知能を用いた兵器に関しては社会的な関心が高く、技術者や研究機関、企業が社会のためによかれと思って開発した技術やシステムに対し、想定外の方向から問い合わせがくる可能性があります。そしてそれはＫＡＩＳＴの事例からもわかるように「自分たちが公開したものではない記事」に関しても受ける可能性があります。そのような質問にも対応するだけではなく、過剰な反応に委縮せずに〝反論〟するためにも、人工知能に関する社会的な課題の情報には、個人だけではなく組織として対応する体制も必要となります。

人工知能の倫理

研究者や研究コミュニティに関する倫理的なトピックを「研究（者）倫理」として紹介しました。これとは別に、最先端技術そのものがもつ課題に対してどのように対処していくべきかという問題があります。たとえば「生命科学の倫理」、「再生医療の倫理」、「ナノテクノロジーの倫理」、「宇宙倫理」など個別分野でそれぞれ特有の議論が行われています。

人工知能分野でも技術を開発、運用するときに考えるべき観点で「人工知能の倫理」という問題設定がされています。また「倫理」だけではなく法的、社会的な課題を合わせてＥＬＳＩ（Ethical Legal and Social Implications）と呼ばれます。二〇一七年に内閣府の「人工知能と人間社会に関する懇談会」の最終報告書は、人工知能の倫理・法・社会・経済・教育・技術開発の六つの論点に整理しています[19]。

- 倫理的論点：人工知能技術によって感情や行動が操作されることなど
- 法的論点：個人情報やプライバシー保護を含めたビッグデータの利活用など
- 経済的論点：働き方や雇用への影響や技術を促進する政策など
- 教育的論点：技術を適切に利活用するための教育など
- 社会的論点：人工知能技術によるデバイド（格差）や差別への対処など
- 研究開発的論点：研究者が社会に貢献する研究開発を促すことなど

個々の論点は関連しあっています。倫理的、社会的な懸念は法的な対応だけではなく研究開発によって対応できるものもあります。第1章では行動操作や格差への対応について、プライバシー保護技術や説明可能技術の研究を紹介しました。しかし第1章で解説したとおり、これらの議論は技術者、あるいは技術だけでは解決できません。政策決定者や法律家、経済学者、社会学者、倫理学者といった多様なスティクホルダーの意見が必要となります。さらには実際に人工知能を運用したり利用したりする人々の意見を収集して合意形成を行うことも重要となります。

論点は、誰がどのような目的で整理するかによって特色が現れます。本節では、①技術開発にあたる原則づくりと、②技術が社会にどのような影響をもたらすかを測る指標づくりの二つの試みを紹介します。

・技術の開発原則や指針づくり

†ＩＥＥＥ

開発原則や指針としては、ＩＥＥＥの「倫理的に調和した設計（Ethically Aligned Design）」報告書がよく知られています。二〇一六年に第一版が、二〇一七年に第二版が公開されました。最新かつ最終版となる第三版は二〇一九年中に公開予定です。

第一版は八項目、第二版はそれに五項目足された一三項目からなります（表２－３）。「倫理

表2－3　IEEEによる指針

1．一般原則	7．経済的／人道的問題
2．自律知能システムへの価値観の組み込み	8．法律
3．倫理的な研究や設計のための方法論	9．アフェクティブコンピューティング*
4．汎用人工知能（AGI）と人工超知能（ASI）の安全性と恩恵	10．政策*
5．個人データとアクセス制御	11．ICTにおける伝統的倫理観*
6．自律型兵器システムの再構築	12．複合現実*
	13．ウェルビーイング*

＊　第2版から追加された項目

的な研究や設計のための方法論」といった研究者倫理や教育に関する項目のほか、「個人データとアクセス制御」、「法律」など人工知能の倫理に関する項目も扱っています。とくに、「自律知能システムへの価値観の組み込み」のように価値について再考を促す論点や、「汎用人工知能」や「自律型兵器システム」など長期的な視点も扱っているのが特徴です[20]。

ＩＥＥＥは電気通信関連の標準化団体であり、私たちが普段使っている無線ＬＡＮの規格を決めている団体として知られています。ＩＥＥＥ－ＳＡ（標準化）では二〇一九年一月現在、標準規格のＰ７０００シリーズとして、自律システムの透明性、データプライバシーの処理など、一四のワーキング・グループが倫理的な設計の標準化をめざして活動しています。

今までのＩＥＥＥの歴史において、技術者のための「倫理綱領」はあっても、技術開発における「倫理」を考えるワーキング・グループは存在したことがなく、どのような規格になるのかは侃々諤々（かんかんがくがく）と議論が行われています。もちろんＩＥＥＥの規格自体に拘束力はありません。しかし、関係者は欧州議会や世界経済フォーラムなど、さまざまな機会で報告書を公開し、認知度を高めています。

†ＡＣＭ

同様に、計算機科学の学術団体であるＡＣＭも、学術的な観点から研究者や政府に対して提言や提案を行っています。二〇一七年にアメリカとヨーロッパのＡＣＭが「アルゴリズムの透明性と説明責任に向けて」と題するレターを出しました[21]。そこでは公平性を保証する七原則を表明しています。

1．あるアルゴリズムが働いていることを人々が認識できること
2．誤った判定が機械によってなされた場合、それを訂正する方法があること
3．アルゴリズムの開発者などには説明責任／答責性があること
4．どんなに複雑なアルゴリズムであっても人間に説明可能であること
5．データソースの出所が明確で信頼できること
6．法令順守しているかなどを監査可能にするため記録が残されていること
7．システムの信頼性を高めるために継続的な検証が行われること

ＩＥＥＥもＡＣＭも技術系の学術団体であるため、第1章で紹介したような技術的な課題に

対して敏感です。技術に対する課題は技術的に対応をしていこうとする視点がありつつも、技術的な〝絶対〟はないため、信頼性を確保するために監査や法律など制度的な取り組みとの組み合わせを重視しています。

†フューチャー・オブ・ライフ・インスティテュート（Future of Life Institute）

学術団体のほか、議論が活発なのがNPO法人です。

二〇一四年にアメリカで設立されたNPO法人、〈フューチャー・オブ・ライフ・インスティテュート〉が二〇一七年一月に公開した「アシロマの原則」も有名です[22]。「原則」は二三項目からなり、人工知能開発者たちが協力して安全基準が軽視されないようにするといった「競争の回避」など、研究者の行動規範的な視点も盛り込まれています。そのほか安全性の検証や透明性の確保、プライバシーなど人工知能の倫理のほか、長期的な課題として「自己複製を行える人工知能システム」なども書かれており、内容は幅広く網羅的です。自己複製のほかにも自律型致死兵器の安全管理についても触れられています。一方、原則には具体的な人工知能の定義はなく、既存の情報技術、学習する技術、まだ見ぬ技術の人工知能が入り混じっています。

フューチャー・オブ・ライフ・インスティテュート設立者には理論物理学者のマックス・テグマーク氏のほか、スカイプの共同創業者でもあるヤン・タリン氏やディープマインドの科学者でもあるヴィクトリア・カラコフナ氏など多彩な人たちがいます。アドバイザリーボードにはテスラ・モーターズのイーロン・マスク氏や理論物理学者でもあった故スティーヴン・ホーキング博士などが名を連ね、人工知能技術を含む最先端技術を人類がうまくコントロールする研究の支援を掲げ、ネットワーキングや研究助成を行っています。

†ザ・フューチャー・ソサイエティ（The Future Society）

ハーバード大学ケネディ行政大学院から生まれたNPO法人である〈ザ・フューチャー・ソサイエティ〉では、IEEEとも協力して、オンライン上で人工知能と社会に関する討論を二〇一七年九月から開始しました[23]。「AIイニシアチブ」という名で動いていたプロジェクトは二〇一八年三月に終了し、二〇一八年九月に報告書が欧州議会に提出されました[24]。

オンライン対話への参加者数は二二〇〇人、投稿者は七〇二人で一二九一件の提案が投稿されました[25]。報告書では、政策関係者に対していくつかの提言をしています。たとえば、人工知能の技術開発において取り組むべき課題について合意形成をする「人工知能に関する政府間パネル（IPAI）」や、人工知能によって国連の掲げる持続可能な発展目標（SDGs）の進展をめざす「AI4SDGセンター」の設立のほか、国際的な競争と協調を推進していくしくみづくりなどです。また、国際的な標準などの「ソフトガバナンス」と同時に、自律型致死兵器などに対する国際条約など「ハードガバナンス」のしくみを模索すること、データの安全な利用を促進するしくみや制度を策定すること、失業リスクを軽減して生涯学習を可能にする教育プログラムを展開することなども挙げられています。

前述のフューチャー・オブ・ライフ・インスティテュートのアシロマの原則は、オンラインでの議論をもとに、最終的には参加者どうしでのディスカッションを経て作成されました。一方、ザ・フューチャー・オブ・ソサイエティのAIイニシアチブは、議論を収束させるファシリテーターの存在はありましたが、すべてオンラインで行われました。オンラインでの対話設計は難しい面もありますが、〝多様なステイクホルダー〟を包摂していく一つの方法として、興味深い取り組みです。

†ザ・パブリック・ボイス（The Public Voice）

アメリカのプライバシー擁護団体であるNPO法人〈電子プライバシー情報センター（EPIC）〉によって一九九六年に設立された〈ザ・パブリック・ボイス〉も、二〇一八年一〇月に「人工知能ユニバーサルガイドライン」を公開しました。[26] ガイドラインは以下の一二項目です。

1．透明性の権利：自分に関して下される決定が人工知能によってなされる場合、人々はそれを知る権利がある

2．自己決定の権利：すべての人は最終決定や評価を人工知能ではなく人間によって下される権利がある

3. 特定の義務：人工知能システムを使う機関は、一般に周知されなければならない

4. 公平性の義務：人工知能システムを使う機関はバイアスや差別的な決定が生じないようにする必要がある

5. 評価とアカウンタビリティの義務：人工知能システムは目的や便益とリスクについて評価されたあとに使用することができる。また人工知能システムによってなされた決定に責任を負う

6. 正確性、信頼性、妥当性の義務：人工知能システムを使う機関は意思決定の正確性と信頼性と妥当性を担保しなければならない

7. データ品質の義務：人工知能システムを使う機関はデータの出所を確認し、アルゴリズムに入力されるデータの品質と関連性を保障しなければならない

8. 公共安全の義務：人工知能システムを使う機関は、物理的な装置に指示あるいは制御する人工知能システムを導入する際には安全性とリスクを評価し、安全管理を実施する必要がある

9. サイバーセキュリティの義務：人工知能システムを使う機関は、サイバーセキュリティの脅威に備えなければならない

10. シークレットプロファイリングの禁止：いかなる機関も内密にプロファイリングをしてはいけない

11. 単一のスコアリングの禁止：各国政府は市民ないし住人に対する汎用的に使えるスコアリングを確立、維持してはならない

12. 停止義務：人工知能システムを開発した機関は、人による管理が不可能になった場合、そのシステムを停止する義務がある

この原則はシステム開発者だけではなく、システムを使用する機関や政府に対する提言まで踏み込んでいるのが特徴的です。

†総務省情報通信政策研究所

海外では学術界やNPO法人による活動が盛んなのに対し、日本では省庁によるリードが強いのが特徴です。総務省の情報通信政策研究所は二〇一六年から人工知能に関する調査研究を行ってきています。本研究所は二〇一七年七月に九項目からなる「国際的な議論のためのAI開発ガイドライン案」を公開しました[27]（表2－4）。

また二〇一八年の報告書では、開発ガイドラインに加え、利用者およびデータ提供者が利活用において留意することを「AI利活用原則案」として取りまとめています[28]（表2－4）。

表2－4　総務省による「AI開発ガイドライン案」と「AI利活用原則案」

AI開発ガイドライン案	AI利活用原則案
1．連携の原則	1．適正利用の原則
2．透明性の原則	2．適正学習の原則
3．制御可能性の原則	3．連携の原則
4．セキュリティ確保の原則	4．安全の原則
5．安全保護の原則	5．セキュリティの原則
6．プライバシー保護の原則	6．プライバシーの原則
7．倫理の原則	7．尊厳・自律の原則
8．技術者支援の原則	8．公平性の原則
9．アカウンタビリティの原則	9．透明性の原則
	10．アカウンタビリティの原則

†ＯＥＣＤやＧ７／Ｇ20

ＯＥＣＤや主要国首脳会議（Ｇ７／Ｇ20）も人工知能の開発原則に関する議論を行っています。二〇一六年の伊勢志摩サミットにおけるＧ７（仏・米・英・独・日・伊・加）では総務省情報通信政策研究所のまとめた「開発ガイドライン」が紹介されるなど、日本の貢献もありました。

二〇一八年六月にカナダで開催されたＧ７でも、附属文書として「ＡＩの未来のためのシャルルボワ・共通ビジョン」が公開されました。ビジョンには以下の一二項目が列挙されています。

1．人間中心のＡＩ及びＡＩの商業的普及を促進し、引き続き適切な技術的、倫理的及び技術中立的なアプローチを前進させるための努力を行う

2．新たな技術への市民の信頼を生み出すＡＩの研究開発への投資を促進する

3．生涯学習、教育、訓練及び技能再教育を支持する

4. 女性、少数派の人々および疎外された個人を支援し、関与させる
5. さまざまなステイクホルダーによる対話を促進する
6. 安全性および透明性を促進する
7. 中小企業および非技術的セクター企業によるＡＩアプリケーションの使用を促進する
8. 労働市場政策、従事員育成および技能再教育プログラムを促進する
9. ＡＩ技術およびイノベーションへの投資を奨励する
10. デジタル・セキュリティを向上するための産業主導のものを含むイニシアティブを奨励する
11. プライバシーならびに個人データの保護のための適用可能な枠組みを尊重し、促進することを確保する
12. 不当なデータのローカライゼーションに関する要求およびソースコードの開示といった差別的な貿易慣行に対応し、情報の自由な流通を含む、ＡＩイノベーションのためのオープンで公正な市場環境を支持する

• 開発原則の共通項

本書で紹介した原則はほんの一例にすぎません。このほかにも多くの組織が原則を公開しています。どのようなトピックが多く用いられているかの調査では、以下の一〇のトピックが特

表 2－5　27 の原則のうち 10 のトピックと関連キーワードが使われた頻度

	ヒューマニティ	協働	共有	公平性	透明性	プライバシー	セキュリティ	安全性	アカウンタビリティ	汎用人工知能
FLI 2017	9	2	4	1	4	4	2	6	2	1
IEEE 2017	13	1	1		8	5	3	6	8	
USACM 2017				4	4	2		5	3	
JSAI 2017	6		2	5	1	3	2	7	3	
Montreal 2017	3	1	2	4	2	9		1	6	
Stanford 2017	1									
Etzioni 2017						1	1			
HAIP 2018	5	2	4	5		5		7	3	2
The Public Voice 2018	1			12	4	4	5	8	13	
The Future Society 2017	4	2	2		3				3	
PAI 2016	1	3			1	1	2		2	
UNI Global Union 2017	7		2	2	12	5	2	2	11	
ITI 2017	10	5	3	3	1	3	8	6	12	
MIC 2017	6	4	2	4	4	15	12	23	3	
MIC 2018	5	8	3	5	7	17	13	4	5	
House of Lords 2018	4		1	4	4	2	3		1	
EGE 2018	14	3	5	9	2	10	5	8	6	
DeepMind 2017	1	4	1	1	2				2	
OpenAI 2018	4	2	1				1	8		12
Google 2018	4	1	1	8	1	5	2	7	1	
Microsoft 2018				1	1	2	2	2	2	
Nadella 2016	6	2	1	2	2	1	1	1	3	
IBM 2017		1			1		1	2		
IBM 2018		1	1	1	5					
Sage 2017	1			1					3	
SAP 2018	2	6		6	2	6	2	6		
Sony 2018	3	1		2	2	2	2	1	1	

1 回　2～3 回　4～7 回　8～15 回　16 回以上

巻末注 29 より作成。

定されました。（1）ヒューマニティ、（2）協働、（3）共有、（4）公平性、（5）透明性、（6）プライバシー、（7）セキュリティ、（8）安全性、（9）アカウンタビリティ、（10）汎用人工知能。

表2-5は、各報告書におけるトピックと関連キーワードの出現頻度を示したものです[29]。真ん中にあるMIC 2017やMIC 2018は総務省情報通信政策研究所の報告書２０１７と２０１８です。汎用人工知能を除いて幅広く網羅されていること、とくにプライバシーや安全性に関する記述が多いということがわかります。

・技術の社会への影響評価

技術がもたらす社会的影響は、大学や調査機関で研究されています。開発原則が「どうあるべきか」「何に留意するべきか」という規範的な観点が強いのに対し、影響評価は「どうなっているか」「何を測るべきか」という記述的な観点に着目しています。

†分野別

アメリカ・スタンフォード大学の〈ＡＩ１００プロジェクト〉が二〇一六年に公開した「二〇三〇年の人工知能と生活」報告書では、交通やヘルスケア、教育、エンターテインメントなど八つの分野で人工知能の社会的な影響を紹介しています[30]。日本でも二〇一八年に公開された国立国会図書館の「人工知能・ロボットと労働・雇用をめぐる視点：科学技術に関する調査プロジェクト報告書」で医療、介護、教育、農業などの八分野における雇用への影響が取り上げられています。[31]

人工知能はさまざまな領域に導入されています。しかし、たとえば医療と農業では利用者コミュニティのニーズや組織文化などが異なります。同じ技術であったとしても、導入されるかどうか、また導入後の影響がどのようなものになるかも違います。このため、今後も分野別の議論は重要となります。

†指標による評価

社会的影響の大きさを国や年ごとに比較するため、技術の影響を数値化していく試みも始まっています。

前述のスタンフォード大学のＡＩ１００プロジェクトは二〇一七年に「ＡＩインデックス（指標）」を公開しました。[32] 報告書では人工知能関係の論文数や大学における授業数、産業におけるスタートアップ数や投資、メディアでの言及などさまざまな指標が紹介されています。多くはアメリカの既存の指標を集めてきたものですが、ほかの国にも参加を呼び掛けています。

中国の清華大学も二〇一八年に「中国の人工知能発展報告書２０１８」を公開しました。[33] 報告書では中国における人工知能関連の論文数や特許数のほか企業数や投資、市場規模、人々の人工知能に対する態度や教育、雇用への影響がまとめられています。

日本でも総務省情報通信政策研究所がまとめた「報告書２０１８」で、ＡＩネットワーク化の進展度合いに関する指標を紹介しています。指標例としては利用者のリテラシーなどのほか、インフラの整備状況、研究開発人材数や投資数が挙げられています[34]。

もちろん数値化が難しいものもありますが、今あるデータを整理したり新しくデータを取りに行ったりすることによって、産業や経済、社会、雇用、教育などに関する影響を測ろうとする試みが始まっています。

†各国の人工知能戦略

人工知能はイノベーションの起爆剤として考えられています。二〇一八年現在、多くの国が国家戦略の一つの柱として「人工知能」を組み込んでいます。カナダ・オンタリオ州の上級政策顧問であるティム・ダットン氏は、人工知能の政策やガバナンスに関して発信する〈Politics＋AI〉というメディアで、二〇一七年以降の各国の人工知能戦略を紹介しています（表２－６は二〇一八年七月時点[35]）。

多くの国が共通して掲げる項目としては「イノベーションのための研究開発」、「技術だけではなく倫理や法的な観点に関するリーダーシップをもった人材育成」、「医療などの特定の分野に対する応用」、「国際規範の成立」です[36]。

表2－6　2017年以降の各国の人工知能戦略。

2017年	3月	カナダ	汎カナダ人工知能戦略
	3月	日本	人工知能技術戦略会議
	5月	シンガポール	シンガポール人工知能報告
	7月	中国	次世代人工知能発展計画
	10月	アラブ首長国連邦	人工知能戦略
	12月	中国	3カ年行動計画
	12月	フィンランド	フィンランドの人工知能時代
2018年	1月	ケニア	ブロックチェーンと人工知能のタスクフォース
	1月	台湾	台湾人工知能行動計画
	1月	デンマーク	デジタル成長戦略
	3月	イタリア	市民サービスにおける人工知能
	3月	フランス	フランス人工知能戦略
	4月	チュニジア	人工知能戦略研究会
	4月	EU	人工知能に関する通達
	4月	イギリス	人工知能部門政策
	5月	オーストラリア	オーストラリア予算案
	5月	アメリカ	ホワイトハウス人工知能サミット
	5月	韓国	人工知能研究開発戦略
	5月	スウェーデン	スウェーデン人工知能戦略
	6月	インド	人工知能国家戦略
	6月	メキシコ	メキシコにおける人工知能戦略に向けて
	秋	ドイツ	ドイツ人工知能戦略
	秋	EU	EU人工知能戦略

巻末注35を参考に作成。

倫理的な人工知能

　最後に「倫理的な人工知能（Ethical AI）」とでもいうべき研究があります。これは倫理的、道徳的に振る舞う人工知能の研究であり、擬人化ができる人工知能技術特有の論点かもしれません。ほかの技術ではたとえば「ナノテクノロジーが倫理的にどう振舞うか」や「宇宙が倫理的にどう振舞うか」という問題設定は一般的ではありません。

　「倫理的な人工知能」研究は、人工知能が人間社会に溶け込み、仕事や生活の場になじみ〝共生〟していくにはどのような技術・社会・制度設計が必要かといった問題にもつながってきます。考えるにあたっては基本となる権利や価値観に照らし合わせることが重要です。たとえば、IEEEの「倫理的に調和した設計」でも、その概要版に「目的」として、技術設計・開発・実装にあたっては

- 国際的に認知されている人権を侵害しないものであること
- 人々のウェルビーイング（幸福）を優先させるような技術設計と技術利用をすること
- 技術設計者や運用者の責任を明確にしてアカウンタビリティを果たすこと
- 運用における透明性を確保すること
- 技術の悪用リスクを最小化すること

が掲げられています。

総務省情報通信政策研究所の「報告書2018」でも、基本理念として八項目が掲げられています。その中には「人間の尊重と個人の自律」「制御可能性と透明性」「分散協調による地球規模の課題の解決」があります。

このように「人権」や「個人の自律」を侵害しない、という目的を機械に埋め込むためには、人権とは何か、基本的な権利に関する理解が重要となります。それは技術開発者と法や倫理の

専門家との対話を促します。

この点において「倫理的な人工知能」の研究は第1章で紹介した「有益な人工知能」とも重なります。「アカウンタビリティ」を果たすためには、「責任あるシステムを開発するためのプロセスや戦略」をつくるといった制度的な方法もあれば、「透明性を必要とせずに説明責任／答責性を保証する技術」開発といった解決法もあります。

技術的に難しい点も多いため、現在では制度的プロセスで「倫理」を担保する方法が主流ですが、汎用人工知能など長期的な視点に立てば「技術自らが倫理的に振舞って説明をして信頼してもらう」、「そのためにはロボットに人権や人格を付与するべきではないか」、「人工知能に道徳を埋め込むことはできるのか」なども議論されていますが、これは第4章で扱います。

コラム②

人工知能の倫理と倫理的な人工知能の実現可能性

「研究（者）倫理」、「人工知能の倫理」、「倫理的な人工知能」という三分類は、二〇一七年の人工知能学会倫理委員会の公開討論で、さまざまな開発原則を一覧で紹介するために便宜的につくりました。もともと、「人工知能の倫理」と「倫理的な人工知能」という言葉は海外では使われていました。脳神経倫理学でも類似の分類はあったので、ゼロからつくったわけではありません。

公開討論には、IEEEの「倫理的に調和した設計」アウトリーチ委員長であるダニット・ガル氏をお呼びしており、公開討論が始まるまでのあいだ、彼女と話をしていました。三つに分類したとき、私は「倫理的な人工知能」は「まだ見ぬ技術」でもある汎用人工知能研究につながる論点も含まれるため、「長期的な課題」と考えていました。これに対して、ガル氏は「倫理的な人工知能」のほうが「人工知能の倫理」よりも早く実現できるのではないか、と指摘されたのです。

どういうことかというと、人工知能の倫理やガイドラインづくりの合意形成には時間がかかります。それよりは、研究者が「倫理的に動く人工知能」をつくるほうが実は早いのではないか、ということでした。実際、「人工知能の倫理」に関しては、研究者が気をつけるべきことのチェックリストをつくろうという動きもありますが、国際的な枠組みとさらにそれを自国に落とし込んだ枠組みをつくるには時間がかかりそうです。

もちろん、自律的に、意思をもって動くような汎用人工知能はそう簡単にはできませんが、たとえば、人間のアルゴリズムバイアスを指摘するなど、実装できそうな技術はすでにあります。そのように考えると、海外では現在多くの研究機関が「倫理的な人工知能」や「有益な人工知能」研究に力を入れているのも納得です。

6

都にて

大陸に到着して何日か歩くと、都にたどり着いた。

ネコと歩いていると、「あなたはいつぞやのアドバイザーじゃない?!」と後ろから呼びかけられた。

勢いよく正面に回り込んで尋ねてきたのは、以前、タヌキの店で相談に乗ったことがあるトラだった。ガッシリとミミの手を握る。

「あのときはありがとう！　私も機械のことはくわしくなくて、あなたがこちらの事情を聞いて的確なアドバイスをくれたおかげで、助かりました」

道中で大きな声でお礼をいわれ、ミミが照れていると、周りにどんどんとさまざまな肩書を名乗るものが集まってきた。ネコが巧み

に列を整理して、いつの間にか簡易相談会が始まる。

ミミは話を聞いて、アドバイスをするだけだったが、列はいつまでたっても絶えなかった。ミミにとっても興味深かったのは、相談者たちは〝技術〟の問題として相談を持ち込むものの、話を聞いているうちに、問題はそれ以外のところにあるということを、相談者たち自身が気づき悩むことだった。

根本的な問題を解決できなくて申し訳ないとミミがいうと、ネコは「問題ないですよ」、と向かいの席を指さした。そこでは先ほどまで相談に来ていたものたちが集まって、具体策に向けた話し合いを始めていた。

「何が問題なのかがわからないのが問題なのです。あなたがそれを解きほぐしてあげたから、彼らは次のステップに進めます。問題なのは、あなたに相談しただけで満足してしまう人たちのほうです」

三　WHATからHOWの議論へ移行

前節で紹介した人工知能の研究開発に関しては、すでに二年近く議論が行われています。そのため、「なぜ原則が必要か」、「何が重要な論点か」というWHYとWHATに関する議論はすでに出揃っている状況です。挙げられた原則や論点を具体的なガイドラインやベストプラクティスに落とし込んでいくHOWの議論で、どこが主導権を握るかが今後の主戦場となってくるでしょう。

さまざまなステイクホルダーがそれぞれに、あるいは協力しながら技術がうまく社会になじむようなしくみを考えることを「技術ガバナンス」といいます。[38] ガバナンスには『何を誰とどのように考えるか』を考える」といった再帰的な視点が入っています。そしてこのしくみには、さまざまな形が考えられます。学会などの倫理指針といった自主的な行動規範も、個人情報保護法のように法的な拘束力をもつものも、あるいは場合によっては規制をつくらないというのもガバナンスの一つの解になりうるはずです。さまざまな組織がさまざまな方法で技術ガバナンスのあり方を探っています。本節では産学官の具体的な試みを紹介し、なぜ各ステイクホルダーがこの議論に積極的なのか、その舞台裏を解説します。

学術界からのツールキット

・ニューヨーク大学：ＡＩ・ナウ・インスティテュート（AI Now Institute）

第1章で紹介した公平性や説明可能性に関する技術的な対応策は、大学の研究から出てきています。たとえば、二〇一七年にニューヨーク大学に設立された〈ＡＩ・ナウ・インスティテュート〉では人工知能システムと関連技術の社会的影響に関する学術的な研究が行われています。二〇一八年一〇月に公開された「アルゴリズムのアカウンタビリティに関する政策ツールキット」レポートでは、最初に「よくある質問」の一問一答があり、参考文献とともに、バイアスなどを避けるための既存のツールキットやアルゴリズム、データセットの紹介が行われています。また、公的機関がどのようなアルゴリズムツールを使っているのかを問い合わせるためのテンプレートなども公開しています。[38]

・インスティテュート・オブ・ザ・フューチャー（Institute of the Future）

二〇一八年八月にはカリフォルニア州パルアルトのシンクタンク、〈インスティテュート・オブ・ザ・フューチャー〉と投資会社の〈オミダイア・ネットワーク〉による「技術と社会解決ラボ」プロジェクトから「Ethical OS（倫理的オペレーティングシステム）」と題するガイドブックとツールキットが公開されました。[39] この報告書は未来の技術一般を対象としていますが、提示されているシナリオやリスクはデータやアルゴリズムによってもたらされる議論と重なり

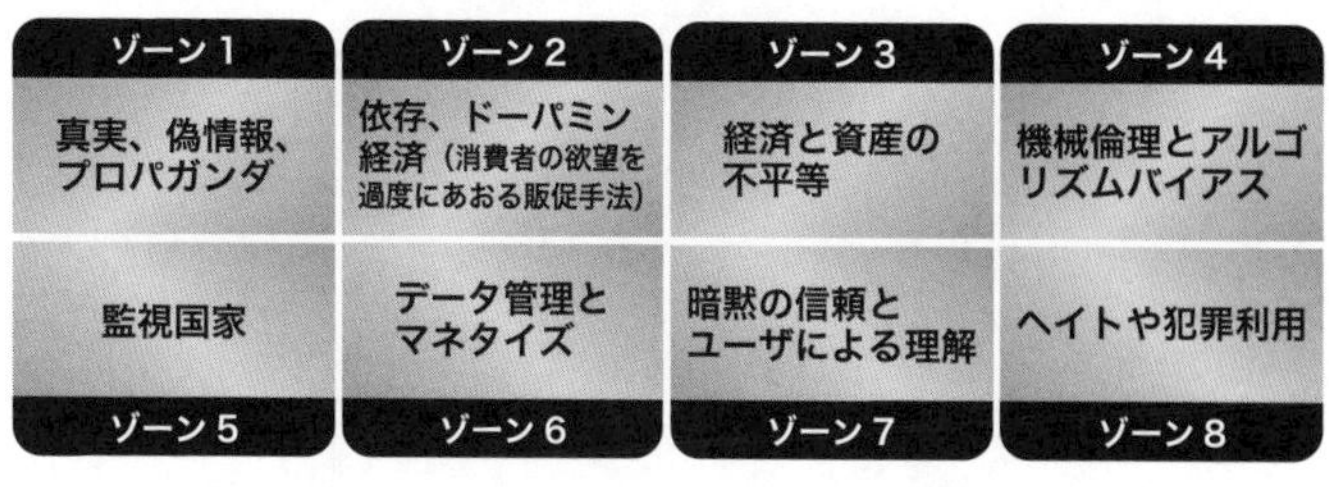

図2－2　八つのリスクゾーン。巻末注40を参考に作成。

ます。ガイドブックは三ステップからなります。まずは一四のリスクに関するシナリオが用意されているのでそれを読むと、八つのリスクゾーン（図2－2）が特定されます[40]。

技術の開発者は八つのリスクゾーンを読んで、自分の開発した技術がどのリスクゾーンに当てはまりそうかを考えます。次に、倫理的な観点について考える環境を組織の中でどのように整えていくべきかの六つの戦略が示され、それぞれの戦略には考えるべき項目が挙げられています。

産業界からのベストプラクティス

・パートナーシップ・オン・AI（Partnership on AI）

人工知能技術のベストプラクティス研究と理解促進、影響を議論するプラットフォームをつくるため、二〇一六年にアマゾン、ディープマインド、グーグル、フェイスブック、IBM、マイクロソフトの六社のIT企業が手を組み〈パートナーシップ・オン・AI〉が組織されました[41]。パートナーシップ・オン・AIの設立にかかわったIT企業は、最先端の技術を導入しているがゆえに、第1章で挙げたようなさまざまな課題に直面しています。そのため、公平性や透明性についても研究資金の投資を行っています。消費者や顧客に信頼されず、市場の支持が得られなければ、自分たちのサービスは受け入れられないという判断も働いていると思います。

メンバーは拡大しており、二〇一八年一〇月現在、七〇団体、一〇ヵ国からの参加がありま す。メンバーにはIT企業だけではなく大学やNPO法人などさまざまなステイクホルダーが入っています。二〇一八年一〇月には中国の〈バイドゥ（百度：Baidu〉が加盟したことが話題になりました。

現在、パートナーシップ・オン・AIではいくつかのワーキング・グループが組織され、具体的な調査や実践的なツールキットづくりが進められています。

①雇用と経済（AILE）[42]：人工知能がもたらす経済的な影響に対して、生産性、生産と消費、雇用、労働需要と供給、労働法、経済成長、収入などに焦点を当てて分析を行うほか、社会的な影響として人間の尊厳、個人的な満足感、セキュリティ、平等性、権利などについても研究を行っています。

②公正、透明性、アカウンタビリティ（FTA）[43]：生命医療、公衆衛生、安全性、刑事裁判、教育、持続可能性などの分野でのデータ活用でバイアスやエラーがないように、推論結果を合理的に説明できるシステム開発や、実践的なツールキットに関する研究を行っています。

③安全―危機的なＡＩ（ＳＣＡＩ）：自動運転やヘルスケアなどにおける意思決定は安全、倫理的かつ信頼性をもつ必要があるため、ベストプラクティスや技術者が安全なシステムをつくるためのツールキットの開発や原則の策定を行っています。

これらの三つのワーキング・グループに加え、以下の三つのワーキング・グループも検討されています。

④社会的影響：個人情報によって個人の選択などを誘導することによる影響、プライバシーや人権などの影響

⑤人と人工知能の協働システム：内科医などの診断をサポートしたり、運転者に危機を知らせたりするシステム

⑥社会的善：教育、住宅、公衆衛生、持続可能性などの公共財への影響

・個別企業からのベストプラクティス

また、個別の企業もさまざまなベストプラクティスやツールキットを提供しています。ＩＢＭは二〇一八年九月に機械学習に使うデータセットやモデルに意図しないバイアスが含まれていないかを検証、報告してくれる「人工知能の公平性３６０」を公開しました。(44) グーグルもソ

フトウェアシステムをつくるうえでの「責任ある人工知能」として、考慮に入れるべきチェック項目をウェブページに公開しています[45]。二〇一八年のアクセンチュアの調査によると、人工知能を導入している企業（調査対象企業の七二％）のうち、七〇％が技術者向けの倫理研修を実施しており、六三％が人工知能の利用状況を評価する倫理委員会を設置しているとの結果が示されています[46]。

政府によるガバナンス

・シンガポール

ベストプラクティスは分野によっても異なるため、業界団体単位でつくるパートナーシップ・オン・AIのような試みは歓迎すべきことです。逆にいうと、国単位で、具体的なベストプラクティスの作成は難しくなります。それでも、ベストプラクティスをつくるガバナンスの枠組みづくりにチャレンジしている国もあります。

二〇一八年六月にシンガポール政府の情報通信省情報通信メディア開発庁（IMDA）は、各業界団体に自主ルールづくりを促すHOWの観点の強い計画を公開しました[47]。政府は企業が人工知能開発について自主ルールを策定するよう期待する一方で、規制官庁と各産業界のリーダーや消費者団体などからなる諮問委員会という対話の場を形成しました。

計画では〝最低基準〟としての原理原則を各法定機関や業界団体、企業、そして消費者団体が共有し、自主ルールづくりを促す枠組みをつくりました。各企業や産業部門は人工知能を使った開発を行う場合、どのような価値を重視して、どのような対策を誰にしていけばよいのか、あるいはしなくてもよいのかを、〝自分たちの裁量〟で考えます。それぞれの規模やできることに合わせて対策を行うことによってイノベーションを阻害せず、スタートアップなども育てていくことを狙っているそうです。

一方で、データの保護など産業横断的なルールに関しては、個人情報保護などの法規制を改定するなど、〝自主ルール〟と〝法規制〟の役割を分担し、完全に民間に任せるのではなく官民共同で考えていく方針です。これはシンガポールという国が、東京二三区と同程度の広さの島国で人口五六〇万人程度、一党制のため政策決定なども早く、考慮すべきステイクホルダーが他国と比べて多くないからこそ取れた戦略でもあるでしょう。

・日本

ベストプラクティスをつくるためには、実証や実装が必要になります。そこで日本でも二〇一八年六月より「規制のサンドボックス制度」政府横断一元的窓口が開設されました。この制度は人工知能、ＩｏＴ、ブロックチェーンなどの革新的な技術の実用化の可能性を検証し、実証により得られたデータを用いて規制制度の見直しにつなげることを目的としています[48]。ほかにも経済産業省では「グレーゾーン解消制度」や「新事業特例制度」などを設け、新事業を行おうとする事業者があらかじめ規制の適用の有無を確認したり、支障となる規制の特例措置の適用を認めたりするしくみを提供しています[49]。

日本の課題

以上のように、日本もさまざまな実証を進めようとしていますが、欧米とくらべると人工知能の倫理的な観点に対するHOWの議論が、産業や大学からはまだそれほど行われてはいないように思えます。日本は官がリードして人工知能と倫理に関する議論を行ってきました。しかし、主戦場が抽象的な原則論などから具体的な実践や方法論に移るにつれ、官よりは大学による調査研究、産業によるベストプラクティスの共有などが重要になってきます。

このように考えたとき、日本の企業からは欧米企業のような倫理的な観点に対するベストプラクティスが必要だという切迫感を、実はあまり感じません。第1章で掲げたような課題の多くは海外の事例です。さまざまな社会実装がされているからこそ、課題や問題も噴出しているといえます。技術がアメリカや中国の後追いになっている現状では、法的、倫理的、社会的な議論も後追いになってしまいます。しかし、法や倫理に関する研究開発のガイドラインやルール、標準は、得てしてつくる人たちに有利なものとなります。そのため、具体的なルールづくりに関わっていくことは、実はとても重要になってきます。

しかし日本では今までの成功体験があるので、粛々と技術開発をしていけばよいと考えている企業もあります。現場はそのような意識であるのに対し、政府が新たな方針を打ち出そうとしているので「仕方がないから話を聞くか」というパターンもあるでしょう。このような場合、問題意識があるから倫理的、法的、社会的な課題を議論するのではなく、とにかくその議論をすることが目的化してしまって、結局何がゴールなのかがわからなくなってしまいます。

むしろ日本の産業界がもつ切迫感としては、本章一節で紹介したような、イノベーションに乗り遅れるという経済的な観点が強いです。それが、産学官が連携してベンチャー企業を支援していこうという活動にもつながります。ここで本来ならば学（アカデミア）が、効率化、最適化、イノベーションだけではない知見を提供する役割を担うべきなのですが、日本の大学も現在はイノベーションのみの議論に飲み込まれているようにも見えます。

一周遅れで議論をしているということは、同じ轍（てつ）を踏まずに済む機会でもあります。アメリカ、欧州、そして中国が何を考え、どのような議論を行っているのか、そしてその中で日本はどのようなガバナンスの戦略を取っていくべきか、産学官民で考える仕掛けや人材が必要になります。

7 西へ

ネコの目的地は、都からさらに西にあるという。

都で仲良くなったものたちは駅までついてきて、いろいろと案内や話をしてくれた。

列車を待ってるあいだ、仕立て屋であるというカバが、「わしはもともと技術のことなんぞ、まったくわからんかったんだ」とミミにこっそり教えてくれた。

でも最近、橋ができて半島に行きやすくなったため、自力でいろいろと勉強をしたという。

「あそこはいい。おぬしみたいな面白い人材がときどき出てくるからのぅ」と意味深に笑う。

列車が来たぞ、と翼をはばたかせながらカモメが呼びに来た。カモメはカバの肩にとまると、若干険しい顔つきでミミに打ち明けた。

「お前さんと話をして、自分が何もわかっていないことに気づいたよ。私は医者だ。技術を使うにあたって、命を預かる者として不安もあるがメリットも計り知れない。今後もいろいろと勉強をしていくつもりだ」

そういうカモメにカバが答える。

「そうはいうものの、要は使いようじゃないのか。わしはあんたが医者なら悪いことにはならないって信じるよ」

またこの辺に来るときは連絡してくれというカバとカモメを含む見送り勢に、ミミは列車の中から手を振った。

第3章 社会の中の人工知能

第2章ではさまざまな原則や論点、そして具体的な対策やベストプラクティスを模索する産学官民の関係者の活動を紹介しました。第3章では実際に人工知能システムを使うユーザへと視点を移します。

これに伴って、本章で議論される「人工知能」は、深層学習などの最先端の技術ではなく、既存の情報通信技術も多く含まれてきます。

もとより、人工知能技術は単独では機能せず、運用にはネットワークインフラ（通信網）や、ハードウェア（機材や材料）の開発や普及、ＩＴを使いこなせる能力（リテラシー）などの相互作用を必要とします。いくら単一の技術が秀でていても、それを使える環境が十分でなければ使えないのです。

開発者 → サービスプロバイダ → ユーザ → その他関係者

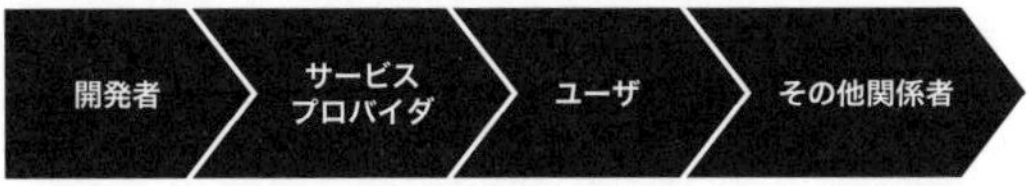

図3－1　人工知能の関係者。

一　人工知能技術実用化の関係者

関係者の整理

まずは関係者を整理します。

生産者（プロダクター）と消費者（コンシューマ）が融合し、消費者も生産活動を行うプロシューマ化が進んでいる現在、技術に関わる人の定義も容易ではありません。[1] 細かく分けても説明が煩雑になるので、本書では大きく四つに分類します[2]（図3－1）。

・開発者

基礎技術を研究、開発している人たちを、ざっくり「開発者」と呼びます。大学や企業で研究を行い、得られた知見を学会などの研究者コミュニティで発表します。第2章で紹介したように、近年では論文はarXivなどのウェブサイトにも投稿されており、多くの人に情報が早く共有されるようになってきています。一方で、産業によっては機密保持のために情報が公開されないものもあります。

・サービスプロバイダ

医療や農業など、特定応用領域の知識やデータを保持し、技術を実装してサービスを提供する企業（ベンダー）や専門家を「サービスプロバイダ」とします。たとえば医療であれば、医療機器メーカーですが、開発や利用には現場知を提供する医療従事者の協働が必要です。そのため広く医療従事者も含まれます。医療従事者にも積極的に開発にかかわる人もいれば、利用するだけの人もいるため、次の「ユーザ」との垣根はグラデーションとなります。

・ユーザ

サービスプロバイダが提供する技術やサービスを利用する人を「ユーザ」と定義します。ユーザの範囲も幅広いですが、ここではおもにエンドユーザー——医療であれば診断を受ける患者、車であればドライバーなど——とします。サービスプロバイダがよりよいサービスを提供するために、ユーザの個人データを求めることもあります。そのため、ユーザは消費者、顧客、利用者、受益者、市民、患者などさまざまな名前で呼ばれます。

・その他関係者

最後に「その他」があります。上記三つ以外の人や組織としてしまうと定義は広くなりますが、ユーザとの区別でいうと、①技術やサービスを利用するユーザではないが、ユーザの周辺にいるため間接的にその影響を受ける人と、②技術にまったくかかわらない人に大別できます。前者の「間接的に影響を受ける人」は、たとえば自動運転車の脇を歩く通行人や、医療診断を受ける人の親族などです。彼らは技術に直接は関係しません。しかし車の事故が起きたときや、医療診断で遺伝性の病気が判明したとき、間接的に巻き込まれる可能性があります。

後者の「技術にまったくかかわらない人」は、技術を利用しないと選択できる人と、技術の利用環境から排除されている人などいくつかの種類に分けられますが、くわしくは第4章で扱います。

関係者間の垣根の曖昧化

以上のように四分類しましたが、大事なのは分類することではありません。これらの四つの垣根が曖昧化していることです。

曖昧化の背景には、基礎研究よりは今すぐ役に立つ科学技術を求める「課題解決型の知の創造」重視があります。[3] 第2章で紹介したように、研究開発を早く実用化するために産学官民連携が推進されています。連携が進み、開発者やプロバイダ、ユーザ間の垣根が曖昧化することで、さまざまなアイディアを生み出します。既存の産業構造や社会構造の改革を促す側面もあります。

一方で、垣根が曖昧化することによって課題も生じます。そのような課題を、とくに人工知能技術関連に絡めて紹介します。

・開発者とサービスプロバイダの垣根

技術をサービスや製品に応用するには、目的設定やデータ確保が必要となります。そのためには第1章で紹介したように、現場の業務をよくわかっている人が必要です。

ここでの〝よくわかっている〟とは、技術的なしくみを理解できるということではありません（理解できるに越したことはありませんが）。目的を的確に設定し、タスクを分割し、問題を言語化できる人材を意味します。開発から実用化へのサイクルを短くするには、開発者が医療や農業などの個別領域の専門家と対等に話せるように知識を蓄えるか、あるいは専門家が開発者と同等の、技術的な知識をつけることが求められます。

・サービスプロバイダとユーザの垣根

従来は企画、設計、開発、製造、販売をプロバイダが行い、エンドユーザは販売された製品を利用するだけでした。しかし〝自己学習する技術〟の場合、エンドユーザによる追加学習が可能になる場合があります。

二〇一六年にマイクロソフトが開発したチャットボット〈Ｔａｙ（テイ）〉が、ヒトラーを礼賛したため公開停止になりました。一部のユーザが悪意をもってそのようなヘイトスピーチを学習させたのです[4]。

ユーザによる学習の結果生じた事件や事故の責任は誰が取るのでしょうか。自動運転や診断など命に関わるような意思決定において、学習させたユーザ本人ではなくサービスプロバイダに責任があるとされた場合、プロバイダはそのような商品は売りたくないでしょう。納品以降は学習しないシステム、ルールがわかる従来型のシステムを〝あえて使う〟という選択肢もありえます。しかし自律化の研究は進みます。そのため保険や保障などのしくみ、さらには技術認定制度やガイドラインも技術と一緒に開発されています。

一方、ユーザからすると技術の価格が手ごろになり、比較的簡単に自分のニーズに合わせたモノがつくれる便利な社会になっています。近年では無料、あるいは安価に技術を利用できることによって、自営業の方が画像認識などを用いて業務の効率化システムを開発する事例も増えています[5]。

このような場合、一般ユーザに責任やリテラシーをどのように周知していくかが課題となります。3Dプリンタでつくれる銃の設計図をダウンロードできることが問題となっていましたが、極端な話、ユーザが武器をつくることも可能です。これに対しては、特定のものづくりを禁止する、コミュニティによる自主規制もあります[6]。場合によっては法規制が必要になってくることもあるでしょう[7]。また、〝国〟によらない人たちの手でつくられる場合を想定すると、国際法上での議論も必要です。悪用可能な技術は、一般の人が容易に閲覧できるウェブサイトに投稿してよいのかなどの議論もあります。ここでも、開発原則の議論と同様、研究の自由と規制のあいだの線引きが課題となります。

・ユーザとその他関係者の垣根

私たちは情報技術が浸透している社会に住んでいます。その意味では、真の「その他関係者」はなく、みな「ユーザ」かもしれません。技術と無関係でいられない以上、突如として降りかかるかもしれない事故や事件に備えて、知識を得ることが求められるかもしれません。たとえば自動運転車やドローンに相対したとき、機械がどのような挙動をするか知らないと、通行人はとっさにどのように対応してよいかわからないでしょう。

刻一刻と変化する情報技術の知識を獲得できる再教育の場や、知識格差をなくす努力はするべきです。しかし、万人にリテラシーを身につけることを強要はできません。そのためにも、初めて見る人でもわかりやすいデザインやインタフェースであることが重要になってきます。

8 ウサギのお店

列車はやがて都ほどではないが、活気のある街にたどり着いた。

「私は用事があるので」とネコに置いて行かれたミミが街を散策していると、ネズミが二羽のウサギになにやら説明している場面に出くわした。

「機械化すれば同じ投資額でも生産数が倍増します。しかも人件費は半分で済むんです」

ネズミが手渡す紙を、ウサギがメガネをずり上げて見る。隣にいる小ぶりのウサギが耳打ちする。

「お父さん。うちは今そんなにものを増やしても、対応ができるかどうか」

不安そうなウサギに、ネズミはヒゲをピクピクさせながら続ける。

「難しいことはありません。人件費が一番かさむんです。この規模でしたらお二人で回していけますよ。隣街の店もわれわれのシステムを使って生産性がこれだけ上がったんですから。周りはどんどん変わっていってるんです」

鞄からどんどん書類を出すネズミに大きいほうのウサギが、メガネを外して語りかけた。

「君は小さいころからうちの店の常連だ。うちの経営が厳しいことも聞いたんだろう。いろいろと考えてくれるのはありがたいことだと思っている」

だったら、と勢い込んだネズミをウサギが落ち着かせる。

「隣街の店はどんどん販売網を広げている。でも、だからこそ同じ戦略でやってもダメなんだと思う。うちの強みは地域とのつながりだ。だからこそ、逆に切り捨てられないこともある。効率性や生産性だけではなく、そういう方向で一緒に考えてはみてくれないだろうか」

それを聞いて、ピンと立っていたネズミのしっぽが下がった。

開発者とサービスプロバイダ、そしてユーザの垣根は曖昧化しています。曖昧化することで従来にはなかった仕事や考え方が生まれます。本節では、技術と雇用、労働をめぐる論点を、具体的な事例をもとに紹介します。

二　仕事と技術

仕事が奪われる？

「人工知能やロボットに仕事を奪われる」という議論があります。

二〇一三年に発表されたオックスフォード大学の研究者による「雇用の未来」と題する調査が、一〇年から二〇年後にはアメリカの雇用の四七％が機械に置き換えられる可能性が高いと指摘しました。[8] 日本でも二〇一五年に同様の手法での調査が行われ、四九％が置き換えられるとの結果が発表されました。[9]

二〇一六年には世界経済フォーラムが世界三七一社の企業人事担当者にアンケートを行い、人工知能とロボットによって全世界で二〇二〇年までに二〇〇万人分の新たな雇用が生じるが、七一〇万人の雇用が失われると予想しました。[10] また、『機械との競争』（日経ＢＰ）では、技術革新のスピードに技能習得や労働者の移動が間に合わないため生じる「テクノロジー失業」が

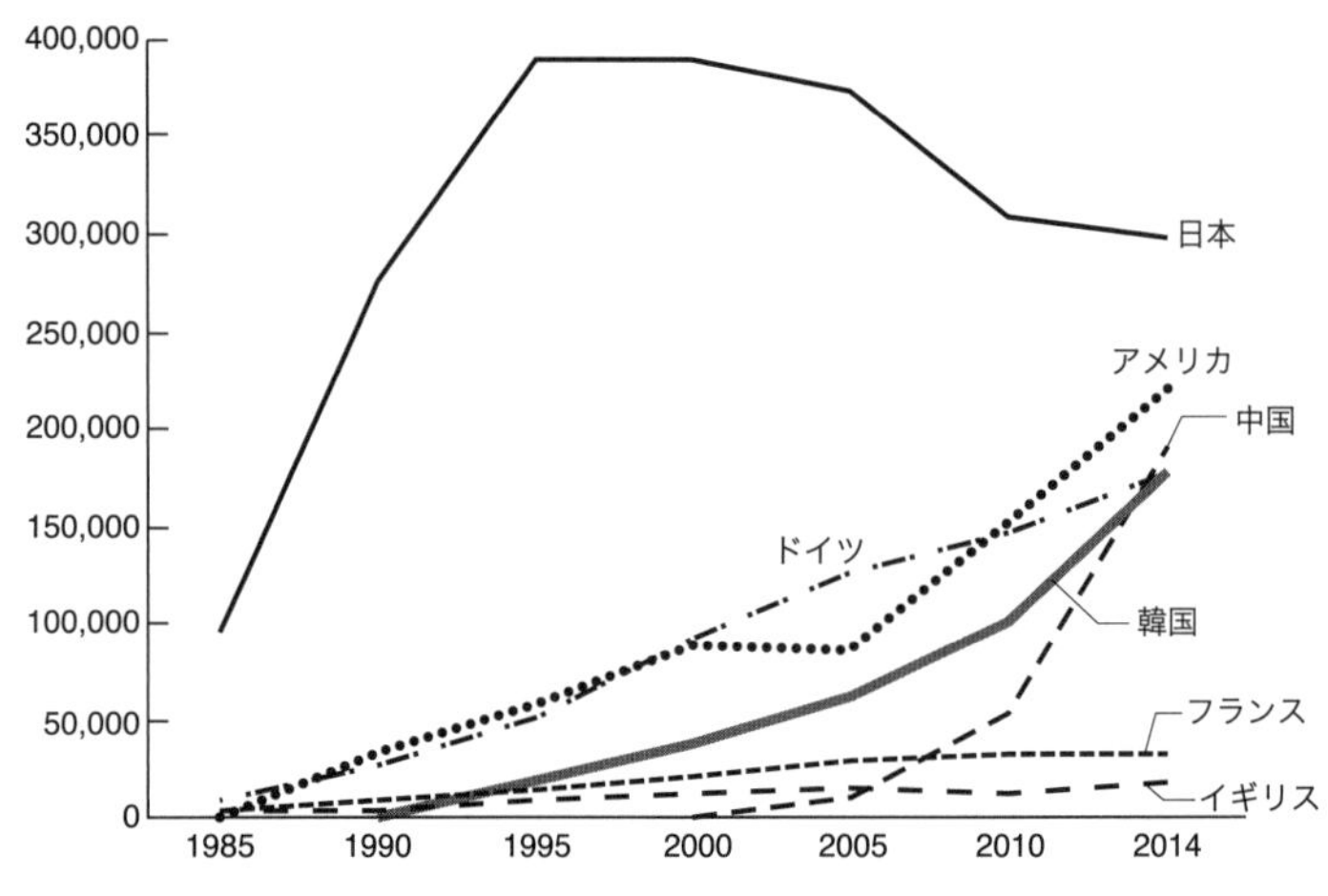

図3－2　世界の産業用ロボット稼働台数（マニピュレーティングロボットのみ）。巻末注11を参考に作成。

すでに起きていると指摘します。

しかし「機械に仕事を奪われる」議論は新しいものではありません。ノンフィクション作家のスタッズ・ターケル氏が一九七四年にまとめたインタビュー集『Working 仕事！』（晶文社）にはブルーカラーやホワイトカラーの奪われた仕事が書かれています。

すでに産業用ロボットは工場に入っています。図3－2は一九八〇年代から二〇一四年までの産業用ロボットの稼働台数をまとめたものです[11]。日本は二〇〇〇年ごろにピークを迎え、近年では減っているものの、世界と比べると圧倒的な台数を誇っています。ドイツやアメリカも台数を着実に伸ばしてきており、とくに中国の伸び率が高いです。

一方で、イギリスやフランスは昔も今も産業用ロボットにそれほど変化がありません。『そろそろ、人工知能の真実を話そう』（早川書房）の著者であるフランスの哲学者かつ人工知能研究者であるジャン＝ガブリエル・ガナシア氏に理由を尋ねたところ、「フランスでは雇用が奪われるとの懸念が強く、抵抗運動がかなりあったため、機械が入らなかった」とのことでした。このように産業構造だけではなく、人々の意識も技術の導入には関係してきます。現在の技術は、アルファ碁やＩＢＭワトソンの医療応用などのように、意思決定や判断を下す、あるいはそのサポートをします。仕事に技術を使う人だけではなく、医療診断などの判断を〝下される〟側の人たちの意識も重要です。機械に判断をされることに抵抗のない人、ある人などさまざまだからです。

奪われるのは仕事ではなくタスク

実際に仕事は奪われていくのでしょうか。「短期的には人間の仕事は奪われない、ただし仕事のタスクが変わる」とする見方があります。ポイントの一つは〝短期的には〟という条件がついていることです。〝長期的〟に考えるのであれば、雇用が機械に取って代わられるかもしれませんが、本書では短期的（長くても一〇年程度）なタイムスケールで考えます。

もう一つのポイントが〝仕事ではなくタスク〟という考え方です。たとえば、あなたご自身の活動や仕事を考えてみてください。そのすべてをすぐに機械に代替させるのは不可能だと思います。

一方で、私たちはすでに多くの作業を機械に任せています。連絡を取るときにメール、SNSを使っていませんか。仕事の記録を取ったり、書類をつくるときにはパソコンを、調べものをするときにはインターネットを使うのではないでしょうか。これらを使わずに仕事をしてくださいといわれたら、どうしますか。

二〇年前にはこれらの技術は日常的に利用されていませんでした。たとえば現在、いきなりこれらの技術がなくなったとしても、仕事ができないわけではありません。しかし効率やスピードは変わります。職場や生活に入り込んでくる技術は、私たちの日々の仕事タスクの一部を代替し、基本的には便利にしてくれているはずです（余計な仕事を増やすこともありますが）。私たちの生活や仕事の一部は、すでに機械に〝奪われて〟います。〝記憶する〟といった認知的な機能でさえ機械任せになっています。

人間と機械が仕事を奪い合うのではなく、協働が重要であるともいわれます。膨大なデータ処理や計算に強い機械と、直感や創造性の備わっている人間が協働することで、より効率的に仕事がこなせるかもしれません。農薬散布や安全点検など危険性が高いものは、むしろ積極的に機械に仕事を〝奪ってほしい〟かもしれません。

少子高齢化時代に突入している日本は慢性的な人手不足に陥っています。そんなとき、〝仕事を奪われる〟と懸念する人よりは、機械に仕事を肩代わりしてもらいたいと思っている人も多いでしょう。

タスクの創造的な組み替え事例

すでに〝奪われている〟あるいは〝奪ってほしい〟タスクがある一方で、技術的には機械による代替が可能であっても、機械か人間どちらに対応してほしいか意見が分かれるタスクもあります。意見が分かれるものの多くは、人と人が接する仕事です。これらは人間の尊厳、責任や民主主義などの社会的な価値と密接に結びついています。

また、機械に仕事を任せるかもゼロイチではありません。時と場合によって柔軟にタスク配分を自分で選択できるしくみづくりが求められます。ネット通販があるからといって店頭販売がなくなるわけではありません。インターネット上でさまざまな金銭的取引ができるようになっても、銀行の窓口業務がただちになくなるわけではありません（数は減るかもしれませんが）。人と人が関わる部分はなくならず、とくに移行期においては急な変化についていけない人たちへのフォローが求められます。

いくつか事例を紹介しながら、技術的な視点からだけでは見落とされがちな、現場の専門家目線の〝仕事の複雑さ〟を考えていきます。

・接客と感情労働

〝おもてなし〟などの接客が機械に代替可能なサービスであると考える文化では、〝おもてなしロボット〟がつくられます。日本ではソフトバンクの〈Pepper（ペッパー）〉をはじめとし

図3－3　変なホテルの受付ロボット。横にある機械で本人確認などを行うが、指示だしなどのコミュニケーションはロボットが行う。提供：変なホテル（© ハウステンボス/C-6755）

た接客ロボットが店頭で見られるようになってきました。ハウステンボスにある〈変なホテル〉でも、恐竜ロボットやヒューマノイドが受付をしてくれます（図3－3）。自動販売機で機能的には十分足りるものが、表情や身振り手振りとともに案内をしてくれる〝おもてなしロボット〟は、物珍しさやエンターテインメント性もあって受け入れられています。

ロボットが表に出て接客を行うことには、人件費の削減のほか、〝常に一定のサービスを提供できる〟こともサービス提供側のメリットとして挙げられます。人によって対応を変えないロボットは、ある意味、公平かつ平等なサービスを提供します。接客業は、態度の悪い客やクレームにも対応が必要とされる感情労働[12]です。そのためロボットが接客を行うことによって、従業員は感情労働から解放されているという解釈も可能です[13]。

一方で、人と人とのコミュニケーションを「おもてなし」に求める顧客や、「おもてなし」をしたくて接客業を仕事に選んだ人は、接客を機械化することに違和感を覚えるかもしれません。感情的なやり取りやコミュニケーションは感情〝労働〟と見なされることもありますが、それ自身が仕事のやりがいや報酬にもつながります。

石川県にある旅館〈加賀屋〉では、調理場から料理を運搬する機械を導入することによって、客室係の食事の搬送負担を軽減しました。そのぶん、「今日の観光はいかがでしたか？」や「お寒いですから、熱燗（あつかん）でもつけましょうか？」といった、機械にはできない気づかいや「お客様へのおもてなしに注力する」旅館文化が可能になると指摘しています[14]。

今後、接客などのサービス業は、パターン化されていて機械でも相手ができるようなものと、複雑なため人間の対応が必要なものへの二極化が予想されます。人間相手のほうがコストが高いことが予想されるため、機械によるサービスを選べる人は選択肢の幅が広がりますが、機械に不慣れな人、特別な対応を要する人や、人間相手のほうがよいという人たちは、逆に選択肢が狭まる可能性があります。

経営スタイルやビジネスモデルは多様であり、接客業は必ずしもこうでなければならない、などの解はありません。接客ロボットの選択肢が増えたことによって、現場では顧客や従業員にどのような価値を提供したいのか、それは経営スタイルやビジネスモデルと合致するのかを経営者層は考える必要があります。

・清掃と資源配分

接客は見えないところも重要です。清掃も〝おもてなし〟の表れであり、かつ、機械に代替できる作業として有望です。すでにさまざまな家庭用掃除ロボットが実用化されています。前述の〈変なホテル〉では、床の清掃も既存の家庭用掃除ロボットを用いる予定だったそうですが、「お部屋の中に髪の毛一本残っているだけでお客様からご指摘を受ける」ため、客室は人の目が必要と判断されたそうです(13)。一方、常に綺麗にしておく必要のある廊下は、掃除ロボットが使われています。

技術導入には、機械の性能だけではなく、使える人の資源（清掃業者を雇う人件費）、顧客による満足度などが変数として関わってきます。機械の性能、人件費、顧客の期待値が変動したら、どのタスクを誰に（何に）やってもらうかを、現場の人たちはその都度、創造的に組み替えていく必要があります。

・教育とモチベーション

高校生を対象に話をした際に、教師の役割も機械で代替できるかと質問されました。これも〝教師の仕事〟をどのように捉えられるかによります。

個別指導に特化したアプリがあり、〈MOOC（ムーク）〉などで世界中の教師の講演が無料で聞ける現在、問題の解き方や知識を効率的に与えることは機械にもできます。〝正解〟がある中で、どうやって人をそこに導くように学習させるかは、機械にもできるかもしれません。しかし〝正解がない問題〟を教え導くことが機械にできるでしょうか。

私は学生と話をするときに、思いついたことを全部畳みかけてしまう傾向があります。それを見たほかの先生から「一度にいっても処理しきれないのだから、今その人に必要なことだけを少しずつクリアさせていかないといけない」と指導法をアドバイスされました。なるほど、と思うと同時に機械にそれができるかを考えました。

個々の学生の力量やモチベーション、次に会うときまでの時間を考えて、次回までにこれを調べてみてはどうかと、対応できる粒度の問いを与えます。しかし、学生がいわれたことだけをやる機械のようになってしまってはダメなのです。自分で新しい疑問や論点を見つけ、先生ですら知らなかったような最先端の知見などを発見して「こんなことがありました、私がそれをちゃんと説明できます」と、学ぶ面白さについても身につけてもらうのが、大学や大学院での指導です。

そう考えると教師の役割は〝正解〟を提示することではなく、学生の関心に合わせて〝もっと考えたくなる〟モチベーションを上げるきっかけを示すことです。

ではモチベーションを上げるヒントはどこにあるのだろう、ということで思い出したのが、

「人工知能に接待将棋はできるか」という話です。以前、あるシンポジウムで人工知能研究者である松尾豊氏が「接待オセロは難しい」と発言されました。[15] どういうことかというと、「引き分けにすると報酬がもらえる」設定の人工知能は、序盤で圧勝し、中盤〜終盤あたりで計算をして引き分けに持ち込むそうです。どちらが勝てるかわからないけれど、「僅差で勝てた！嬉しい！」と思わせる接待将棋は、まだ機械には難しいとのことでした。しかしこれも、棋譜データを用いて接待かそうでないかを学習させることで、技術的には克服される日も近いかもしれません。

・介護ロボットと雇用問題

高齢化社会において、さまざまな介護ロボットが開発、実験されています。たとえば排せつに関しては、人間にサポートしてもらうよりは機械のほうが気楽と思う人もいるかもしれません。安心して使うためにも、個人情報の保護やセキュリティの問題、事故などが起きたときの責任の所在などを整備していくことは重要です。

しかし、「そもそもなぜロボットが介護を行うのか」という問いも重要です。今までの議論と同様、〝介護〟といってもその内容はさまざまです。介護ロボットには、「介護支援型（移乗、入浴、排せつなど）」、「自立支援型（歩行支援、リハビリ、食事、読書など）」、「コミュニケーション・セキュリティ型（癒し、見守りなど）」などいくつか種類があります。[16]『ロボット創造学入門』（岩波書店）においてロボット研究者の広瀬茂男氏は、「排便処理装置のついたロボットベッドの技術は開発するが、老人の話し相手をするロボットは開発しない」、「ロボットは人間社会の表舞台にでなくてもいい、縁の下の力持ちとして働けばいい」として、何をロボットに任せ、何は人間の仕事として残すべきか問題提起しています。

ノースカロライナ大学のゼイナップ・トゥフェックチー氏はブログにて、介護士不足の解決策としてロボットを導入することを批判しています。[17] ブログ記事では「介護専門家不足など本当はなく、不足しているのは介護や教育といった仕事に資源を配分しようという社会の意思」、「もちろん高齢者を介護する人間は十分にいる。この国、そして世界が、不完全雇用者や失業者であふれており、介護は満足度の高いよい職業と考える人々も多くいる。問題なのは社会が、介護に金を払おうとせず、彼らの仕事を尊重していないこと」だと、議論を展開しています。

何を問題とみなすかによって、その解決のための予算や教育、人をどのように配分するかは変わってきます。最初の問題設定をどこに置くかが鍵となります。

・裁判官ロボットと民主主義

海外では、弁護士の調査手伝いをするパラリーガルの仕事が機械に取って代わられています。判例の調査や、証拠書類から目的のものを見つけ出すといった検索機能は機械のほうが得意です。過去の判例を読み込んで、新しい案件に対する量刑や判断をさせる技術も出てきている中、機械が裁判官となることはあるのでしょうか。

それを考えるためには、そもそも裁判とは何かを考える必要があります。弁護士や裁判官の方とお話させていただいた中でとくに印象に残っているのは、「裁判というのは納得をするための場である」という言葉です[18]。機械には偏見がないため、アルゴリズムや与えるデータが十分かつ偏見のないものであれば、人工知能裁判官のほうが人間より個人差やムラのない判断ができる可能性はあります。

しかし、証拠を機械に与えて一秒で判決が出て納得できるような案件は、そもそも裁判所の案件とはなりません。話し合いがこじれたものが裁判にかけられるからです。機械にいわれたから「なるほど、そうですか」とすぐ納得ができるでしょうか。また、人と機械は同じ判断処理スピードをもっていません。人は事実を受け入れるまでに時間がかかることもあります。

この〝納得感〟をどのようにつくり出せるのかは、技術的にも心理学的にも面白いテーマです。技術設計に〝時間〟要素をどう組み込めるのか。結果の伝え方の信頼性を高めるインタフェースをどのように設計するのかも大事になります。

ただ、裁判にもさまざまな種類があります。もし多くの人々が、特定の裁判はゲームの審判のように、一秒で白黒つける場であってほしいと望むようになったらどうでしょうか。これを考えるには裁判というしくみを支えている原理、理念や役割と照らし合わせる必要があります。裁判は、判決に納得できなければ証拠を集めて再審できるシステムです。裁判官も人間ですから、ヒューマンエラーへの対応も組み込んでいます。そのシステムに技術が入り込んできたとき、アルゴリズムバイアスに対応するしくみなど、ヒューマンエラーに加えて技術的な限界や〝道具〟としての技術の使い方も考慮に入れる必要があります。

裁判、ひいては民主主義という大きなシステムに照らし合わせながら、新しい技術は埋め込まれていきます。機械による支援を取り入れるところは取り入れ、人間がやるべき仕事として譲れないことは何か、既存の権利や理念を踏まえた社会との対話が求められます。

・自動運転と街づくり

さまざまな社会的課題の解決にあたっては、人間ではなく機械や環境を賢くするのが早いし合理的だとする考え方があります。その一例が自動運転です。完全自動運転では、人間が運転技術を覚える必要はありません。また、ヒューマンエラーによる事故よりも機械による事故のほうが少ないと考えられています。

しかし、車や環境を賢くするためには、かなりのコストがかかります。自動運転車にはいくつか種類があります。車に〝目〟であるセンサーを搭載することで、自律的に道路や人を認識して初めて通る道でも判断ができるタイプが一つです。しかし、このセンサーは高性能なものほど高額になります。また、精度の高い地図情報も必要です。

一方、信号や標識など街中にセンサーを埋め込むことで、より精度を高める試みがあります。

中国では、このようにして自動運転用の都市を丸ごとつくってしまう計画があります[19]。環境を改造すると、さらにコストがかかります。また、昔ながらの街並みを維持したいという要望とは相いれません。

これらは、人ではなく車や環境を賢くしていくことによって、安全で安心な都市をつくろうとする試みですが、車や環境を賢くするのはあくまで〝手段〟であって〝目的〟ではありません。「事故率を下げる」や「安全・安心な街をつくる」、「今住んでいる街にもっと愛着をもつ」といった、そもそもの目的に立ち返った場合、技術以外の解決策があることに気づきます。

車や環境ではなく〝人間〟に焦点を当てることで、低コストで安全な環境をつくり出した事例があります。現在、欧米などで導入されている「シェアード・スペース」という歩車共存の考えにのっとった都市交通モデルです。シェアード・スペースでは道路標識や信号、遊歩道、側道などをすべて廃止しました。そうしたところ、右からの通行者が常に優先されるという状況が生まれ、さらに人々は車や歩行者により注意を向けるようになりました。その結果、事故数が減少したそうです。これを専門家は、人々により多くの自由を与えることで、その道路を共有している人たち全員が責任をもって行動する義務が発生したからだと分析しています[20]。自動車、自転車、歩行者が共存する場をつくることによって、常に周囲を意識させる状況をつくり出し、安全性を確保しようとする考え方です。

現在の自動運転車は、高速道路など「歩車分離」が可能な特定の場所に限って使われます。

一方で、古くからある小道はすでに「歩車共存」です。パリ市内では小道などが、標識や信号がない「Zone de rencontre」として指定されています（図３－４）。ここは自転車、自動車、歩行者が共存する場所です。景観や街を維持するため、技術以外の解が必要とされることもあります[21]。

さらに現在、海外の都市部では、車を都心から締め出す動きがあります。パリ市やニューヨーク市などでは、環境問題や騒音の軽減、人々の健康、地元をもっと知ってもらうなどの点から、市内の車の侵入や走行を禁止する「ノーカーデー」を取り入れています。都市に何を求めるかといった人々の価値観は変化します。それに伴って都市をどのように設計するかも変わるのです。

図３－４　パリ市内のZone de rencontreの標識。著者撮影。

もちろん、高速道路と下町では移動の目的や設計は異なります。しかし、自動運転車をつくるという目的にとらわれていては、見えなくなるものがあります。

タスク分けワークショップ

タスクの再定義や再編成を考えるきっかけとして、私が行うのが「タスク分けワークショップ」です[22]。これまでに、学生（中学生や大学生）や企業の方、専門職の方を対象に行ってきました。考えるきっかけが欲しい方はぜひ一度やってみてください。必要なのは模造紙、付箋とペンです。

進め方

ワークショップ参加者は年代、性別、部署、職種など多様であるほうが望ましいです。また、参加者には自分の主張を押し通す〝議論〟ではなく、互いの話を聞き合う〝対話〟の姿勢が大事だと伝えます。そのため、「批判はしない」「自分事として考える」「話題を変えることを恐れない」「さんづけで呼び合う」などの約束事を最初に共有します。

まずは五分程度の個人ワークとして、起きてから寝るまでの「タスク」を付箋に書き出します。「歯を磨く」「シャワーを浴びる」「電車に乗る」「上司との雑談」「実験」「議事録をまとめる」などカテゴリも内容もバラバラで結構です。

次に数人一組のグループに分かれます。一五分くらい使って、書き出したさまざまなタスクを模造紙に分類していきます。模造紙には大きく十字を書き、縦軸には「機械に任せたいタスク」「機械に任せたくないタスク」、横軸は「おそらく一〇年以内で技術的に可能」と「技術的に不可能／わからない」を書きます。最後に、十字の中心に円を描き、その中を「合意が得られないタスク」とします（図3－5）。書き出したタスクは、グループで対話しながらそれぞれの象限に分類していきます。同じようなタスクは重ねてしまい、他人のアイディアに便乗して、新たに思いついたタスクを追加していくのもよいでしょう。

タスクが振り分けられたら、あるいは時間になってしまったら、中心の「合意が得られない」に振り分けられたタスクに取り掛かります。ここに振り分けられるタスクは、内容が大きすぎる、あるいは内容が多義的なタスクです。まずは、タスクを分割

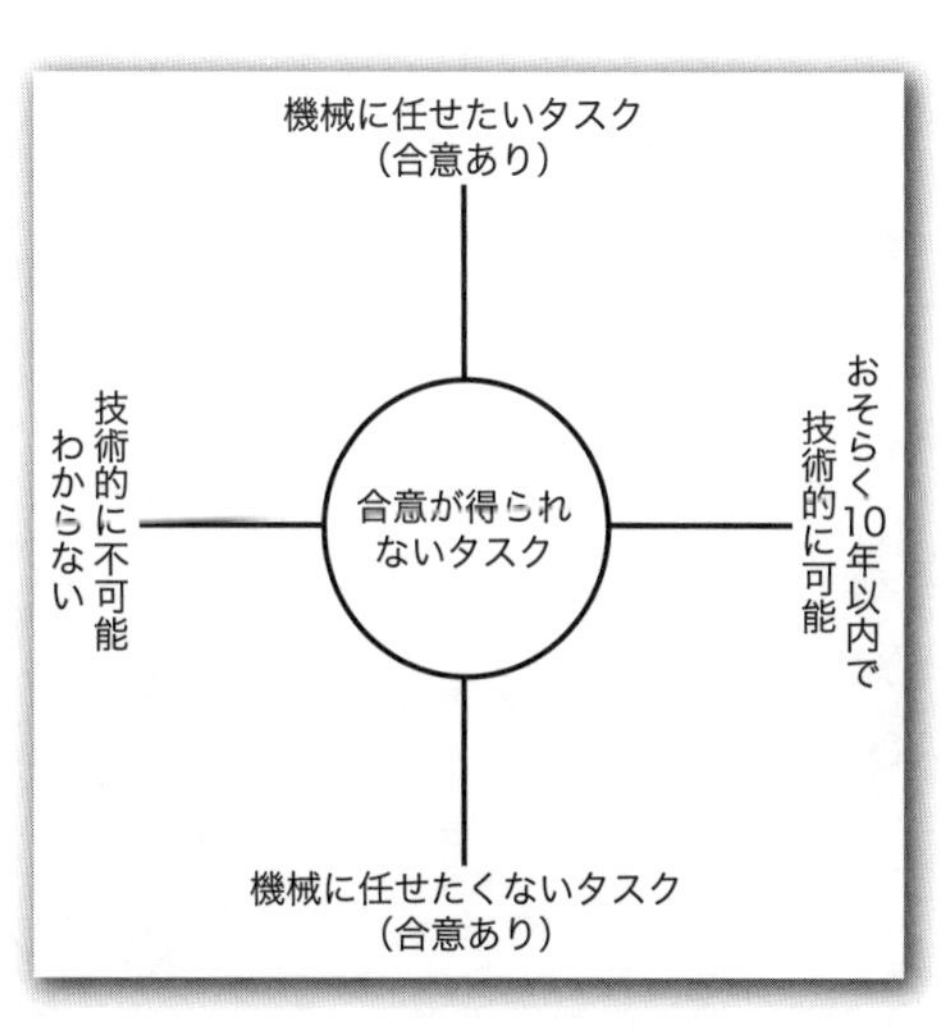

図3－5　タスクの分類法。

することで、外の象限に振り分けられないかを考えます。たとえば「買い物」は「趣味やストレス発散のショッピング」と「日用品の補充」に分けると、前者は「機械に任せたくない」、後者は「機械に任せたい」に振り分けられたりします。

ただしこれは、合意を得ることや相手を説得することが目的のワークショップではありません。なぜ合意が得られないのかを対話し、自分とは異なる価値観や考え方に気づくことが目的です。どんなにタスクを分けても、根本的な価値観が異なると最後まで合意は得られないでしょう。意見が平行線になったら、別のタスクに移りましょう。

タスクを分けてわかること

タスクを分類、分割していくと、いくつかの傾向が可視化されます。

今までの経験上、タスクの多くが上半分、つまり「機械に任せたいタスク」に振り分けられます。ワークショップ開始前は自分たちの〝仕事が奪われる〟ことを懸念していた参加者は、〝機械に奪われてほしい〟タスクが結構あることに気づきます。また、奪われてほしいタスクは多いのに、なぜ現実はそうなってないのかを考えさせられます。制度的・慣習的な壁があるからか、あるいはそのタスクは単純に見えて複雑な処理が必要だからなのかもしれません。このように考えると、機械化が進んでいった結果、「複雑で例外的で面倒くさい仕事」（簡単には解決できないやりがいのある仕事、とポジティブに解釈もできるかもしれません）が人間に残され、「簡単でわかりやすく楽な仕事」は機械に奪われる、という未来像が垣間見えたりします。

下半分の「機械に任せたくないタスク」に目を向けると、一人ひとりの価値観が浮かび上がります。人との関係性をどのように構築したいかによって、機械に任せたい／任せたくないの意見が分かれます。営業や接客など人を相手とする業務は、自分の仕事を「機械に任せることが可能でも人が行うべき」と考える人が多いです。技術的に可能ということと、人との信頼関係構築は別の話なのです。

ちなみに大学生を対象に行ったところ、あるグループでは「友人との日常会話」は機械に任せたくない一方、「指導教員との日常会話」が合意できないタスクに

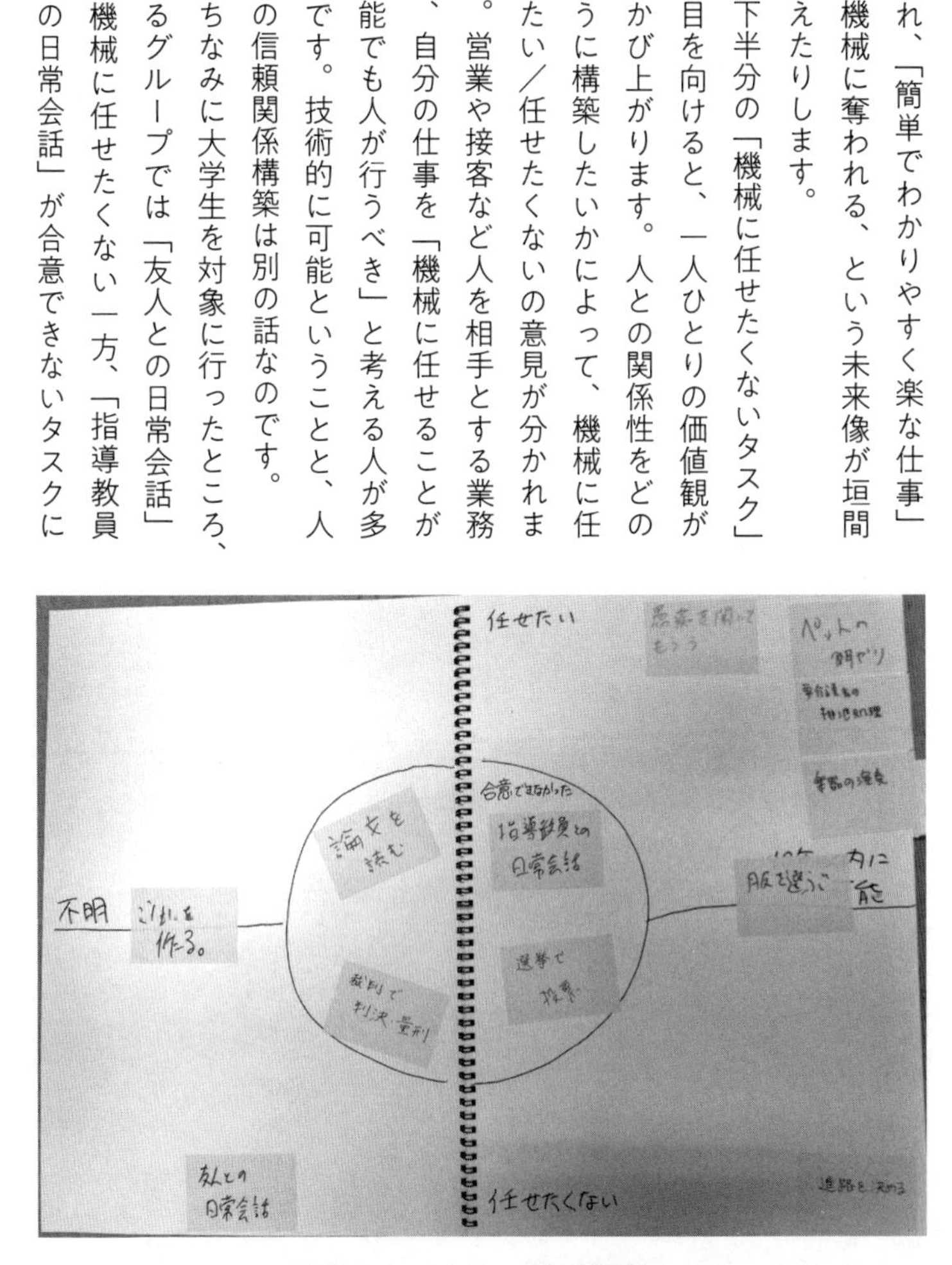

図3－6　ワークショップの結果例。

振り分けられていました（図3－6）。また「体を洗う」「歯磨き」「筋トレ」など身体に関わるものこそ自分でやりたいという人と、機械に任せたいという人に分かれたのは興味深い点です。機械に任せたくない人たちは、歯磨きによる歯の健康という結果ではなくプロセスが大事なのでしょう[23]。

高齢者を対象としてワークショップを行ったときも、「布団の上げ下げ」や「掃除」は、自分の体が動かせるという自信につながるため、自分でやりたいタスクとして列挙されていました。布団の上げ下げなどは、負担になるから機械に任せてしまえばよいではないかと、当事者ではない人たちは思うかもしれません。しかし、「布団の上げ下げ」には、日常的に行ってきた作業を明日も続けていく、続けていけるという意味合いが込められていました。一方、そのようなことは機械に任せてしまいたいという高齢者もいらっしゃいます。人それぞれのこだわりや思いがわかれば、わかりやすく見えやすい上辺の支援だけではなく、そもそも論に立ち返った支援ができるはずです。

また、「本当は自分でやりたいのだけれど、時短になるし効率的だから機械に任せる」ことと、「時間があってもやりたくないことだから、機械に任せる」タスクは質的に違います。前者のタスクを機械に任せるのであれば、それは〝本末転倒〟ではないでしょうか。企業でのワークショップで、「本当なら朝、子どもの面倒は自分で見たいのだけれど、時間がないから機械がやってくれたら助かる」と発言された方がいました。本来であれば、彼女の時間を奪っているほかのタスクこそ、機械やほかの人の手を借りられるような制度やしくみをつくる方向にいかなければなりません。後半の発言だけを見ると、本当に「子どもの面倒を見る機械」のニーズがあるように思えてしまいます。事実、そのようなシステムや技術は増えてきていますが、本当にそのような社会を私たちは望んでいるのか、ここでもそもそもの前提に立ち戻って考える必要があります。

最後に、異なる視点からの分析ですが、ワークショップを行うと、これからの時代は「タスクを創造的に分割できる能力」が必要であることに気づきます。今まで一つの名前で総称されていたタスクを上手に分割できれば、「機械に任せたい／任せたくない」の合意が得られるかもしれません。それは研究者でいえば新たな研究の切り口が、政策でいえば合意形成に向けた調整の糸口が、そして企業であればビジネスチャンスが見つかるきっかけになります。

ただし忘れてはならないのはタスク分割することで、漏れ落ちる含意があることです。「謝罪」や「結婚」などをタスクに分けることで、元のタスクがもつ意味が変わってこないでしょうか。もし変わってもよいのであれば、それはどのような価値観に根差すのでしょうか。

9

ネズミの仕事

なんとなく気になって、ミミはネズミを追いかけて声をかけた。

「おぉ、君は半島から来たのか。そうかぁ、懐かしいなあ」

ネズミも一時期、半島にいたことがあるらしい。さきほどとは打って変わって嬉しそうにヒゲとしっぽを震わせた。ミミも嬉しくなって、半島での最新技術の話や今までの道のりでの出来事をいろいろと話す。

「いいなぁ。あそこは本当に刺激に満ちあふれていたよ。ここでは、義理や人情、慣習、しがらみ、制度とかいろいろ考えなきゃいけないことが多すぎる。そんなもの全部とっぱらって、ぼくたちに世界の設計を任せてくれた

ら、どんなに素晴らしい世界がつくれることか！」ネズミは小さな手をぐっと握り熱く語る。

ここにいることを後悔しているのかと聞くミミに、ネズミは、少し考えたあと、首を振った。

「さっきは少し落ち込んでいたけれど、君と話していたら、どうでもよくなってきたよ。ここの人たちの暮らしとか生活が、どうしたらよくなるかを一緒に考えていくことが大事なんだ。効率性を上げればいいってもんじゃない、働く人のやりがいとか、技術に不慣れな人はどうするのかとか、課題はいっぱいある。データを見ていただけじゃわからないんだ」

ぼくもこの道のプロフェッショナルだからね、とネズミはいった。

笑顔になったネズミに手を振って、ミミがネコとの待ち合わせ場所に行くと、船の切符を渡された。

「さあ、目的地が近くなってきましたよ」

三　働き方と専門家の役割

最先端技術のシーズから話を始めると、いつの間にか技術導入という手段が目的化することがあります。しかし技術の導入には、仕事が提供する価値に立ち返った議論が必要です。仕事の目的や専門家の役割を振り返り、対象としているタスクやシステムの再定義、再編成を行うと、「(最先端の) 機械を使わない」という可能性が出てきたりします。場合によっては、技術的には可能でも、自分あるいは自社の価値観には合わないから導入しない、あるいは別のシステムの開発を進める、という判断も出てくるでしょう。「流行っているから」「ほかの人も使っているから」といった技術ありきの導入や、「よそがやっているからうちも」という考え方では、結局うまくいきません。

人工知能が入ってきたから働き方がよくなる、あるいは悪くなるという「技術決定論」的な捉え方ではなく、新しいものが入ってきたときにこそ、働き方や社会制度、人間関係、専門家の役割などを見直すきっかけにもなります。現場で働く人々は変わり続ける環境や技術と自分の力量を照らし合わせながら、新たな課題へ対応していきます。

今後、現場の専門家の役割はどのように変わるでしょうか、またどのような人材の育成が求められるでしょうか。本節ではいくつかのフィールド調査やインタビューから得られた知見から、技術利用の舞台裏を見ていきます。

機械化による効率化

現在、少子化などにより、どの領域でも人材不足が叫ばれており、即戦力が求められていま す。これに対し、業務を機械化することで、新人でも短期間で一定レベルの仕事ができるよう になることが理想とされます。

最新機器を導入しなくてもベテランの経験や勘をデータ化、可視化するだけで、効果はあり ます。事実、現在実用化されている技術の多くは「知的な処理」ではなく、その一歩手前の 「データの見える化・共有化」です。これらに「人工知能」という名がつくことはありませんが、 今まで可視化されていなかったものがデータとなって共有されるだけでも、かなりの仕事の効 率化や省力化ができます。警察官の「あの地区を重点的にパトロールしたほうがよい」、農家 の「そろそろ収穫したほうがよい」などの判断は、暗黙知や経験値、直感に根差す部分が大き いでしょう。それが数値化やデータ化されることによって、経験値のない新人でも現場の動向 を早く把握できるようになります。[24]

たとえば、酪農を営む北海道の竹下牧場では、牛一頭一頭の情報が端末に蓄積されているた め、従業員が数値に基づいて会話ができるようになったそうです。[25]「最近病気の牛が多い」と いう経験則ではなく、新人でもデータに基づいて「先月よりもどのくらい病気になった牛がいる」と発言が可能になります。さらには深層学習など〝目〟が誕生したことにより、今まで機械化できなかった作業に機械が導入されるようになりつつあります。

新人の育成期間が短いということは、下積み期間が短い、あるいはないという状況です。機械のサポートを得て学びながら作業する形も増えるでしょう。技術の精度が上がれば、将来的には人間は介在しなくてよくなるタスクも出てくるかもしれません。生産性の向上や効率化には人件費を削るのが手っ取り早いからです。しかし精度が芳しくない技術の移行期や、最終的な意思決定に人間の判断が求められるタスクに関しては、人間は機械との協調、あるいは機械の一部としての役割をもたされるでしょう。何か問題があったときに「非常停止ボタン」を押す係として。

マニュアル化できるタスクは機械化され、マニュアル化の難しい例外処理は人間に残されるタスクになります。機械が汎用的になるのは、まだ当分先でしょうから、特殊な仕事以外は、人間のほうにこそ機械に合わせる「汎用スキル」が求められます。また、〝機械〟は定期的にアップグレードされて仕様が変わるので、人間には「適応スキル」も求められます。今後、機械とともに働く人は、仕事をサポートしてくれる機械の判断に頼りながら定型的な業務をこなすか、マニュアルのない職場で例外処理の対応をしていくかになるでしょう[13]。

効率化への危惧

酪農コンサルタントである安富一郎氏は、昨今の機械化は生身の〝牛〟ではなく〝データ〟を見て管理する方向に向かっていること、また〝異常検知〟という病気の〝予防〟ではなく〝早期発見〟を前提にしていることを危惧されています。[26]

一般企業に対するコンサルティング業でも、データを見て問題や無駄な支出を指摘できます。しかし、個別の組織の状況や人間関係を把握できなければ、有効な解決策を提示できないこともあるでしょう。問題を指摘するだけではなく、それを現場での改善として提案できる能力をもっていないとコンサルティング業務は務まりません。

同様にして、センサーや人工知能などで〝目〟と〝データ処理能力〟を得た機械に頼りきってしまい、対象である牛や人を自分の目で見ることがなくなっているのではないかというのが安富氏の問いでした。前述の竹下牧場へのインタビューでも「技術が入ると牛を見る技術の目が失われるという話が必ずあり、それをいわれると悩みます。（中略）そう考えると、逆に新たに〝牛飼いマイスター〟のような専門カテゴリをつくって牛を見る目をもった専門家を確保できるようにしたほうがいいのかなと思います」とのコメントがありました。

機械化や自動化が進むにしたがって、専門的な知識を十分にもたなくても仕事ができるようになります。ミスを犯しても、機械が自動で直してくれるとすれば、自分自身でミスに気づかなくなるでしょう。

誰もが専門知識がなくても機械を扱えるようになる一方で、いざシステムが機能しなくなった場合は高度な専門知識をもつ専門家が必要になるというジレンマもあります。たとえば、自動運転車が突如として運転を人間に代わってくださいといった場合に、とっさの判断を人間ができるでしょうか。もし事故やミスがあった場合、人間の手にコントロールを取り戻すことは場合によっては専門家でも難しいかもしれません。飛行機事故の発生理由を調べた調査では、その多くはパイロットが手動での飛行操縦スキルが不足していたからだと指摘しています。[27] 二〇〇九年のエールフランス四四七便の墜落事故は、速度計が故障してからわずか四分後に発生しました。機器の想定外な故障に対し、とっさの判断を、専門家であるパイロットですらできなかったのです。このような危惧は人工知能に限らず、自動化、機械化に必ずついて回る問題です。いかにして専門家を育てていくか、コミュニティを持続していくか、そして一般ユーザへの教育を行っていくかも重要です。

新たな価値の創造

機械化することで時間や金銭コストが少なくて済むということは、「早い」、「安い」以上に質的に新しい価値を生み出すこととイコールではありません。余った時間やお金で、さらなる「早さ」や「安さ」を追求するのか、新規顧客の開拓や新たな価値を創造するのか、発想力が問われます。前述の安富氏は、牛乳という差別化が難しい製品において、消費者が求めているのは安全などのプロセス認証だけではなく、はっきりした付加価値だと指摘します。そのためある牧場では安富氏の支援のもと全頭ゲノムテストを行い、アレルギーなどを抑える牛乳の生産を考えているそうです。

ただし技術のニーズから新しいサービスなどを考えていくと、技術を使うことが目的化してしまいます。たとえば、〝遠隔で対話〟ができるサービスがあります。対話をする人はそれぞれの場所にいられるため、効率を重視する点でさまざまな使い方が可能です。「単身赴任中でも家族がすぐそこにいると感じられる」や「親が夕飯をつくりながら、ロボットを通して育児ができる」など、人間の存在や作業量を拡張するようなサービスです。このようなシステムを推進する背景には暗黙の前提として、「単身赴任はなくならない」、「親は家事も育児も両方こなさなければならない」という考え方があり、その考え方を支援するための技術が使われます。技術は人の能力の増幅器（アンプリファイアー）であるため、技術的な助けがあることによって、今まで難しかったことがこなせるようになるでしょう。一方で、〝できてしまう〟ことによって既存の考え方に疑義を差しはさむ機会も奪われてしまうかもしれません。この場合はたとえば、「そもそも単身赴任をしなくてよくなるような会社の制度やシステムをつくれないのか」や、「育児と家事は親だけでやらないといけないのか」などです。

働き方が多様になり、生活スタイルも多様になってきている中、技術を導入して〝今までどおりの働き方／生活スタイル〟を維持することもできるでしょう。しかしそれは、その考え方で「ロックイン（固定）」されてしまい、そうではないように社会のしくみや制度、考え方を変えるきっかけを失っているのかもしれません。もしかして根本的な、社会的あるいは制度的、慣習的な問題の解決策になっていない、という可能性もあるのです。

私たちの働き方や生活スタイルは、技術だけではなく社会や制度、価値観などが複雑に絡まって編み出されているのが現実です。技術はそのうちの変数の一つに過ぎず、ほかにも動かせる変数の選択肢がいくつもあるということは、技術の影響力が強くなっている現在だからこそ、考えなければならないことかもしれません。

時間の上手な使い方

ユーザには消費者だけではなく従業員もいます。彼らの福祉や働き方改善について、農業を事例に考えたいと思います。現在、日本は農業経営体数が減少しています。また、農業労働力は家族経営から雇用者へと移行しており、働き方も変化しています。機械化も推進されており、牛群管理システムや搾乳機械を導入することで作業の効率化が行われています。

機械化による余った時間の使い方として興味深かったのが、前述した竹下牧場の例です。竹下牧場では機械化により、六人で動かしていた牛舎を五人で回せるようになりました。さらなる効率化をめざすのであれば、人件費を減らすのが一番手っ取り早い方法です。しかし経営者の竹下耕介氏は、従業員を減らすのではなく彼らの休みを増やして「豊かに過ごせる時間」に

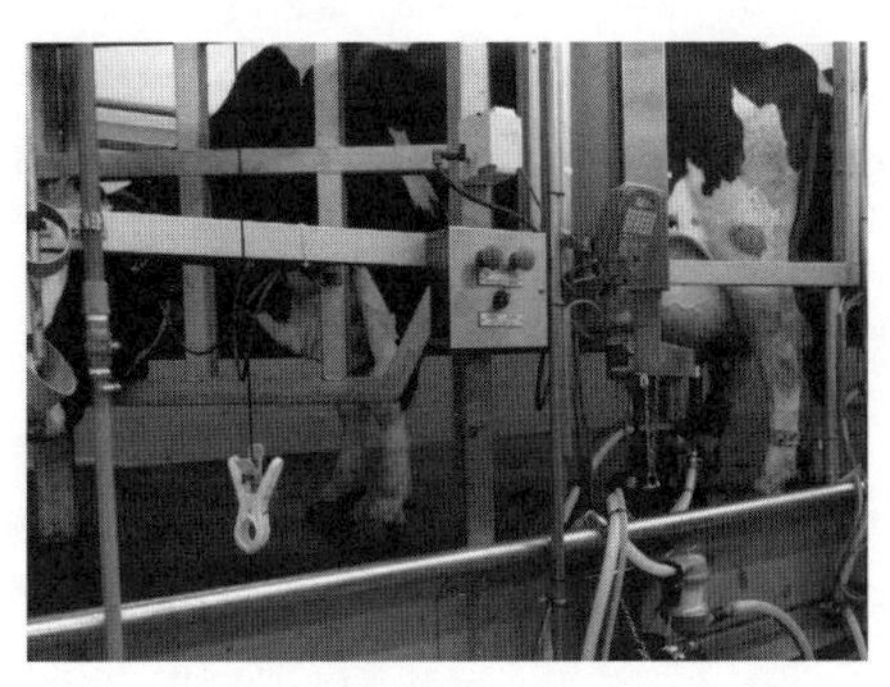

図3－7　竹下牧場の搾乳機械。巻末注25より。

充てたのです。人を減らすのでもなく、空いた時間に前倒しで仕事をしてもらうのでもない経営モデルは、金融などとは違い動物相手の仕事だからこそ可能なのかもしれません。しかし、誰のために、何のためにという目的や経営方針があってこそ、〝幸せ〟になれる技術と人の関係性があると教えられました。

「豊かに過ごせる時間」は社会構造など外部要因によって得られないこともあります。白物家電が家庭に入ってくることによって家事労働が減ったかと思いきや、逆に毎日洗濯をすることが求められるようになった、などを記述した『お母さんは忙しくなるばかり』（法政大学出版局）という古典があります。今でも私たちは時間が空いたら、予定を前倒しして新たな仕事を始めないでしょうか。あるいは、自分の仕事が終わっても先に帰りづらいという同調圧力、プレッシャーを感じてはいないでしょうか。集団ではなくて個人で考えた場合にも、同じことは起きます。今までと同じ仕事時間が求められていたり、あるいはその空いた差分でさらにほかと差をつけるために仕事をすると、仕事のスピードは速くなります。しかし、多くの仕事は一人でできません。当然、周りも巻き込まれます。

注意が必要なのは、人の認識あるいは物理的な速度を追い越すことはできないということです。確かに地球の裏側の人とも連絡を取ることで、二四時間働き続けることは可能になりました。人と機械のサイボーグ化を進めて記憶容量を増やしたり、眠らなくても活動できるなどのエンハンスメント（人体増強）も注目されています。しかし、人間は今のところ睡眠をとらないと生きていけません。また、人が人らしく生き、過労死しないための制度もあります。〝生産性を上げる〟と同時に〝余暇をつくる〟ためには、ただ単に業務を効率化するだけではなく、働き方や成果評価、文化的な側面を見直す必要があるでしょう。働き方や価値観が多様になっている現代だからこそ、人間に平等に与えられた時間の使い方は考えるに値します。

移行期の障壁

目的の設定、新たな価値の設定は機械にはできません。新たな価値の多くは、その分野に対する問題意識をもった人の試行錯誤から生み出されます。それは現場で実際に手を動かしている人かもしれませんし、経営的視点をもっている人かもしれません。あるいは、消費者やユーザかもしれませんし、技術を開発している人やその組み合わせかもしれません。本章の一節で紹介したように、関係者間の垣根は曖昧化しています。

どのような専門家を育成していくのか、その専門家に求められる質とは何かは、より広く専門家コミュニティが考えていかなければならない課題です。短中期的に見れば、タスクは入れ替わっていき、新しい仕事も生まれます。新しいタスクに適応できる能力をもっている、あるいは新しい仕事を覚えようとするモチベーションをもっている人は、新たな仕事を任されます。ただし、現実には仕事を奪われる人がいます。また技術の移り変わりについていけない人もいます。技術が導入される〝移行期〟には問題が発生します。

移行期の課題として指摘されている障壁や取り組みの事例をいくつか紹介します。

• 組織文化とインセンティブ設計

情報技術は、トップダウン型の指揮・統制や階層性を重視する軍隊のような組織文化の中では軋轢(あつれき)を生むことが指摘されています。[28] 誰にどのような情報をどこまで共有するかは最初のシステムの設計段階で十分注意する必要があります。

情報技術はフラットな組織文化となじみやすいといわれますが、誰とでも意見交換できるフラットな文化は技術を導入したら自然とつくられるものではありません。たとえば新人がデータをもとに何か意見をいいたくても、会議などで発言しやすい環境が整えられているかどうかが重要です。また、ベテランの人からすると、それが自分の〝直感〟に反するものであれば別かもしれませんが、〝当たり前〟が数値化されただけでは、あえて情報技術を使う必要もないと思われてしまう可能性があります。場合によってはいちいち端末を使ってデータを入力するという、今までになかった作業が追加されることは〝煩わしい〟かもしれません。

新たな技術が導入されると、作業が減ったり増えたりします。新しい作業に移行するにはコストがかかりますが、その心理的、物理的な障壁が高いと、どんなによい技術でも本領を発揮できません。また技術は現場のニーズとすり合わせて調整されていくため、現場の人たちからフィードバックを得る必要があります。その初期段階でつまずいてしまうと、導入したものの使われずにお蔵入りになります。韓国では消防隊員に使ってもらうため二〇一四年に五〇〇℃以上の高温に一時間以上耐えられる消防ロボットが配備されました。一番高価なもので開発に五〇〇〇万円（五億ウォン）かかったロボットですが、現場の消防士の使い勝手やニーズに合わず、導入後に四回ほど使われて以降、過去二年間まったく使われていないそうです[29]。このような事態を避けるには、現場の専門家の行動や慣習を観察してニーズに合わせるだけでなく、技術を使うメリットを提示するなどインセンティブ設計を技術とともに構築することが必要です。

対照的な例として、京都府警察が二〇一六年より導入した窃盗や性犯罪が発生する時間帯や場所を予測する「予測型犯罪防御システム」があります[30]。現場の警察官に納得して使ってもらうには、システムが特定の地域の危険性が高いと判断した理由を説明できる必要があります。そのため、解析基準がブラックボックス化する深層学習など複雑な処理はいれず、現在は人間います。

が予測ロジックを作成しているそうです。またシステムを使ってもらうために、京都府警察ではデータをうまく活用している警察官を表彰し、利用事例を共有するなどのしくみも構築しています。

・習熟コストとデバイス利用

『ペーパーレスオフィスの神話』(創成社)という、とても興味深いタイトルの本があります。現在、パソコンで書類をつくることが主流となり、タブレット端末も普及しています。しかし会議では相変わらず紙を配布していないでしょうか。オンラインの遠隔会議や面接ができるのに、直接会う行為が重視されていないでしょうか。人の習慣は簡単には変えられません。習慣を変えるかどうかは、個人の癖だけではなく環境や道具からの働きかけ(アフォーダンス)にも左右されます。新しい技術は既存の制度や慣習となじまない限り、はじき返されてしまいます。

また確実性や安全性が重視されるような現場では、最先端ではなく古い技術であっても、確実に動作する、多少の故障でも現場の人がメンテナンスできるような技術が求められます。肝心なときに使えない機械を、私たちは経験的に少なからず知っているはずです。高額なソフトウェアやロボットを導入するよりは、人海戦術でやってしまったほうが安く上がり、融通も利くということがまだあるかもしれません。将来的な投資としても、メンテナンスなど見えない維持費がかかることもあります。

一方で、すでに〝慣れている〟ものは積極的に活用されます。現在、多くのシステムがスマートフォンのアプリとして普及しています。前述の竹下牧場でも、従業員にiPhoneが支給されています。今までは多くのソフトウェアがパソコンで管理されていましたが、スマートフォンになったことによって、気になる牛を目の前にして情報を呼び出すことが可能になります。牛の番号をメモして事務所に戻り、パソコンを起動して確認という段階を踏まなくてよくなりました。携帯端末は、技術的には大した変化ではなくても現場にとっては大きな変化だったそうです。

PDA（Personal Digital Assistant）などの携帯情報端末は、スマートフォンが普及する前から開発されていました。しかし、新たな端末の操作を習熟するには時間がかかります。スマートフォンの利用率が日本全体で八割を超えている現在、低価格で代替機が手配可能、ほかのサービスとも連携がしやすい端末は、現場にとっても習熟コストが抑えられるというメリットがあります[31]。

ただ、スマートフォンそのものにも目に見えない課題はあります。スマートフォンの電極に使われるスズ（Tin）、着信などを知らせるバイブレーターの振動モータに使われるタングステン（Tungsten）、コンデンサ（蓄電器）としてタンタル（Tantalum）、ICや配線には金（Gold）が使われています。これら3TGは紛争地帯で人権侵害や児童労働に関わる武装勢力の資金源となる「紛争鉱物」に指定されています。武装勢力の資金源とならない「コンフリクト・フリー」な材料を使用することの要請や代替物に関する研究も進められています。このような環境や人権への対応も、移行期の隠れた課題として注力する必要があります[32]。

・環境改変コストと適応

新しい技術を導入するためには、組織文化の調整や習熟コストなどソフト面の改革が必要です。しかし改革が必要なのは建物などのハードも同様です。技術をスムーズに導入するために、もとからある施設や自然に手を加える、あるいは最初から技術に合わせてつくり込んでしまう、人間が技術に合わせる、といったことが行われています。技術を環境に合わせるより、環境を技術に合わせたほうが早いし安上がりというのは「人間中心社会」ならぬ「人工知能中心社会」ともいえるかもしれません。

たとえばロボットを動かすために、施設の構造や物の配置を変える必要が出てくるかもしれません。掃除ロボットを家に導入したら、ロボットが掃除しやすいように家具の配置を変更したという話もあります。前述のように、中国では自動運転車を動かすために都市丸ごとを設計しています。果樹の収穫は難しいタスクといわれていますが、施設内を収穫ロボットが動きやすいようレールを敷いたという事例もあります。また収穫しやすいように樹の形そのものを改良する研究も行われています[33]。

・インフラ整備とＳＤＧｓ

都心にいると気になりませんが、地方では通信施設などのインフラが整備されていないためにインターネットにアクセスできないことがあります。海外でも開発途上国では、ネットにアクセスできないことがあります。ネットへのアクセスは手段であり、本来の目的は情報を得ることです。誰でもが平等にネットにアクセスできるようにするため、地方や開発途上国での支援も進められています[34]。

国連の専門機関の一つである国際電気通信連合（ＩＴＵ）が主催している〈ＡＩ・フォー・グッド・グローバル・サミット（AI for Good Global Summit）〉では、持続可能な開発目標（ＳＤＧｓ）で掲げられているさまざまな項目に対して、人工知能がどのように貢献できるかの事例を紹介しています[35]。農業支援、貧困対策、地球温暖化の防止など、さまざまなところに人工知能は用いられています。

一方で、この「善い（Good）」の判断は誰の目線によるものなのかを考える必要があります。人工知能は効率化、最適化を得意としますが、それは誰に対する最適化なのかを考えることが重要だからです。また、一つの「善い」の帰結が、まったく別の観点から問題を引き起こすこともあります。たとえばＩＴツールやデータをオープンにして誰でもが入手できるようになる一方で、テロリストや犯罪者の手に渡ることを懸念する声もあります。何をどこまで誰にならば公開してもよいということを、事前に誰が判断をするのか、できるのでしょうか。

そのほか、武装勢力などがユーチューブなどの動画から得るオンライン広告収入で資金を得ていることも指摘されています[36]。現在多くの情報技術関係のビジネスモデルは広告収入によって成り立っています。プラットフォームを提供する企業や広告業界なども、透明性について考えていくことが求められています。

10

番人

長かった船旅も終わり港に降り立つと、ネコは手続きをしてくるといい、ミミに街の中央広場の観光とウマに会うことを勧めた。

中央広場には天井の高い建物があり、ミミが部屋の奥に進もうとすると「誰だ!」と声が響き渡ってウマがやってきた。ミミが自己紹介すると、「お前か」と席を勧めてきた。

「ネコから聞いたぞ。お前の話を聞きたいところだが、その前につい先ほど、都から権利侵害を受けたとの申立てがあった。原因究明はこれからだが、お前に話を聞く必要が出てくるかもしれん」

ウマが説明したのはミミが都で相談に乗った案件だった。大多数の人には便利だが、技術を使わない特定の人の権利を侵害するかもしれない、と相談者がいっていたことを思い出す。

驚くミミを見て、ウマは机の上に置いてあった冊子を重ねて塔をつくった。

「一番下の冊子を引き抜いてみろ」

ミミが慎重に引き抜いたにもかかわらず、塔は崩れた。

「お前が今まで会った中には、不都合な法や制度は変えればよいという人もいただろう。確かに時代とともに変えるべきものはある。しかし法は慎重に積み重ねられ、関連し合っている。一つを変えるだけで、ほかのすべてが影響を受ける」

ウマは厳しい顔で続ける。

「私たちはみんな違うが、共に生きていかねばならない。そんな中、法はお前を裁きもするがお前を守りもする。困ったらいつでも頼れ」

ミミはどう返事をしたらいいかわからず、戸惑いながらも頷いた。

第4章 人工知能が浸透するとき

第3章では、人工知能を含む情報技術を駆使しながら、雇用や労働を組み替える現場の専門家の試行錯誤を紹介しました。第4章ではおもに「ユーザ」と「その他関係者」に焦点を当てます。もちろんこれは相対的な分類であり、私たちはみな、技術の「ユーザ」です。技術を使わない選択のできる人もいれば、背景にある技術を使っていることに気づいていない人たちもいるでしょう。使う、使わないという判断に対して不平等、不正義や不公平が生じないようにするしくみが必要になります。

一　基本的な権利へのまなざし

技術がもたらすであろう不平等や不正義などに関して、技術的に対応をするというのが第1章で紹介した「技術開発者」の視点でした。しかし社会的な課題は技術開発を待ってはくれません。そのため、制度や社会科学的な知見も重要になります。

既存の体系の積み重ねと挑戦

現在、人工知能・ロボットと法に関する書物が日本でも数多く出版されています[1]。第3章で人工知能やロボットをめぐっては個人の基本的な権利に立ち返った議論が求められていると紹介しました。

たとえば現在、自律的に動く機械が事故を起こしたときに損害賠償義務を負わせることができるか、人工知能に基本的な人権はあるだろうか、という問いがあります[2]。人工知能に法人格を付与することが可能かどうか、「電子人格（electronic personality）」を認めるかどうかが欧州議会でも議論されました[3]。一方、既存の法体系や制度で被害者の救済などに対応できるため、今のところ人工知能に法人格を与えるのは無意味だとする考え方もあります。

「法体系」と一言でいってしまいましたが、社会があるところには決まりごとがあります。古代にも中世にも法はあり、奴隷制や身分制などがありました。現在、日本に住む私たちの法の前提には、中学で習った人格の平等、基本的人権の尊重などの基礎となる概念や、民事法の過失責任の原則、刑事法の罪刑法定主義といった基本的な原理原則があります。同じ現代社会においても、アメリカ、ヨーロッパ、中国、アフリカ諸国などを細かく見ていくと、少しずつ異なる法や社会的な体系のもとに機能しています。

それぞれの時代、それぞれの国における法の積み重ねの上で、今後起きるであろう事例や現象をどのように既存の体系に位置づけていくべきか、法や倫理の学術分野で研究が行われています。そこでの議論は第2章で紹介したような具体的なガイドラインやルールづくりへの示唆も含みます。

他者と自分を守るルール

研究開発に携わる人は、ルールがあると面倒くさいと思われるかもしれません。しかしルールがあるからこそ技術開発が進むこともあります。この場合の〝ルール〟には、法律だけではなく、企業や学術団体内の自主規制、標準規格なども含まれます。

何かを判別する速さや精度を競うためには、同じ標準データを使う必要があります。そのために、画像や文字列の標準セットが存在します。同じようにして、制度的にも標準がつくられることによってデータの共有や流通の問題が緩和されます。ただし標準をどうつくるかは政策的な課題です。さらに、何が標準となるべきかを慎重に考える必要があります。

たとえば画像処理のサンプル画像としてよく使われる女性がいます。通称「レナ」は一九七二年の『プレイボーイ』誌に掲載されており、顔の部分だけ切り取ったカラー画像を基準として、近年の画像処理の精度が比較されてきました（図4－1）。一時期は画像の無断使用についてプレイボーイ社と論争があったものの、現在は公共の目的としての利用を許可されています。その後、彼女は一九九七年の Society for Imaging Science and Technology の五〇周年記念会議にゲストとして招かれたそうです。[4]

これはレナさんからすると、「知らないうちに自分の画像が標準データとして使われた」事例です。公開されている情報、あるいはネット上にある情報は、すべてタダで使っていいのでしょうか。引用という形ではなく〝学習〟に用いられた場合、表向きには使われたことはわかりません。たとえば特定の集団やコミュニティの情報が、知らないうちに〝犯罪〟などを検知するために使われていたとしたら、その集団に所属する人は、そのシステムに認識されやすくなるということが起こりかねません。あるいは、学習に使ったデータが使用不可と後日判明したら、学習モデルそのものが使えなくなる可能性もあります。

図4－1　画像処理のサンプル画像、レナ。

著作権の扱いは国によっても異なりますが、日本においては現行の著作権法四七条の七では、学習用データとして使うときに著作権者の許諾を得る必要がありません。そのため、日本は〝機械学習パラダイス〟であるともいわれてきました。二〇一八年五月の改正（二〇一九年一月より施行）ではさらに、学習用データの第三者への提供・譲渡・公衆送信や学習用データの共有も可能になりました。[5]

データやアルゴリズムに関しては著作権法以外にも、さまざまな法が関わってきます。技術開発の円滑化とデータの保護や利用、共有、普及に関するルールづくりが必要ということで、日本でも個人情報保護法や著作権法、不正競争防止法などに関する改正が議論されています。さらには、個別のガイドラインも必要ということで、経済産業省が「カメラ画像利活用ガイドブック」や「AI・データの利用に関する契約ガイドライン」を公開しています。このようなルールがあることによって、データを知らないうちに使われる、搾取されるといった点からユーザを守ると同時に、開発者にとってはリスクを低減した開発や、生成物の保護を可能にします。

非ユーザと技術

情報技術は生活や仕事のさまざまな場所に浸透しています。一方、事情によって技術を「使いたくない人たち」や「使えない人たち」もいます。表4-1はインターネットの非ユーザの技術へのかかわり方を四分類したものです[6]。

これはインターネット技術への関わりですが、今日の技術やデータに対しても、非ユーザであること、アクセスしないことを意図的に選んでいるのか（使いたくない人たち）、それとも構造的に使えなくなっているのか（使えない人たち）は区別する必要があります。そのうえで「使いたくない人たち」の価値を尊重し、使わないという選択によって不公正や不都合が起きないような配慮が必要です。

「使えない人たち」と「使える人たち」で格差を生じさせない支援も必要となるでしょう。これはとくに人工知能技術の先進国と新興国のあいだで大きな議論となっています。

・使いたくない人たち：抵抗する人たち

四分類のうち、まずは「使いたくない人たち」について考えます。

このうち、「抵抗する人たち」は、拒否権をもつ人たちです。技術がインフラ化している現在、抵抗するにはリテラシーと覚悟が必要です。

ジャーナリストであるジュリア・アングウィン氏は、著書『ドラグネット監視網社会』（祥伝社）において、現代社会で暮らしながらインターネット、携帯電話などの監視網（ドラグネット）から逃れられるかに挑戦しました。使わないことで便益が享受できなくなる技術は多いです。この本は私たちの社会はすでに〝便利な技術〟を使わずに生活や仕事をすることが難しい監視網の中にあることを教えて

表4－1　非ユーザの技術への関わり方4分類

(1) 使いたくない人たち（Want nots）	
(a)	抵抗する人たち（Resisters）： 技術を使いたくないから一度も使ったことがない人たち
(b)	拒否する人たち（Rejecters）： 面白くない、経済的に見合わない、代替物があるなどの理由で技術を自発的に使うのをやめた人たち
(2) 使えない人たち（Have nots）	
(c)	排除された人たち（Excluded）： 社会的あるいは技術的に使うことができないため、技術を使ったことがない人たち
(d)	追放された人たち（Expelled）： 経済的理由や社会的排除によって強制的に技術が使えなくなった人たち

くれます。同時に、「便利」や「安全」のための「監視」という枠組みは、〝あなたのため〟という優しい顔をした支配と言い換えることもできます。

便利な技術の一つに、プロファイリングがあります。わかりやすいのはアマゾンなどに出てくる〝おすすめ〟リストです。この〝おすすめ〟が表示されるにあたって、私たちはアマゾンに今までの購買情報を受け渡すことに〝同意〟しています。アマゾンは個人情報や今までの購買履歴、そしてほかの人の購買データと照らし合わせて私たちのプロファイリングを行い、購入しそうなものを提示します。そのほか検索エンジンでも、今までの検索履歴に照らし合わせて検索結果が提示されます。

人によっては便利なシステムですが、これはある種の〝誘導〟です。消費者の行動や判断、選好が誘導されることを「ナッジ」といい、行動経済学で研究されています。自律的な個人として判断していたつもりだったのに、その行動はアルゴリズムによって誘導されていたとしたらどうでしょうか。それを嫌だと思う人は、そもそものようなウェブサイトを使わないことや、プロファイリングされないためのしくみやプライバシー保護技術（Do Not Trackやシークレットタブなど）を使って〝抵抗する〟選択肢があります。このような保護技術は、犯罪目的の人が発信元を隠す用途に使うという悪用も可能ですが、技術の問題を技術で解決する一つの方法です。

また、民間企業だけではなく、金融機関、人事評価などさまざまな領域でこのようなプロファイリングが行われる傾向にあります。そのため、制度的な解決法の一例として、法や規則ができています。[7] EUで二〇一八年五月に施行された「一般データ保護規則（GDPR）」の二一条には、識別データをもつ個人であるデータ主体はプロファイリングに対して「異議申し立てができる権利」が盛り込まれています。続く二二条では、「自動処理のみに基づいて重要な判断を下されない権利」も認めています。異議申し立てを受けた場合、データ主体に対して説明を行う必要がありますが、それは「用いられるアルゴリズムの複雑な説明を試みたり、完全なアルゴリズムを開示したりするのではなく、当該決定にたどり着くうえで依拠した基準や、その背景的な根拠に基づいてデータ主体に告知するシンプルな方法を探すべき」とされています。第1章で紹介したように、技術の中身がブラックボックス化している現状、「説明可能な人工知能（XAI）」研究なども推進されていますが、当分はデータ主体にとって理解可能な情報が求められていることがわかります。

• 使いたくない人たち：拒否する人たち

代替物がある、あるいは技術が必須ではないために「拒否する」選択肢が可能な場合もあります。たとえば現代日本社会ではSNSをやらない人、ネットで買い物をしない人、携帯電話をもたない人でも、多少の不便はあるかもしれませんが、問題なく生活できます。

個人レベルではなく国レベルで拒否している場合もあります。中国在住者は、フェイスブックやグーグル、アマゾンなどアメリカ発のプラットフォームを（表向き）利用していません。代わりに中国にはテンセントやバイドゥ、アリババが提供するプラットフォームがあります。彼らは国の方針によってアメリカ発のプラットフォームを使うことを〝拒否する〟ことはできますが、中国のプラットフォームに〝抵抗する〟ことはほぼ難しい状況です。

・使えない人たち：排除された人たち

次に「使えない人たち」を考えてみます。なぜ使えないのか、その多くは個人の選択というよりは社会構造的な問題です。

第1章では人種やジェンダーなどのデータやアルゴリズムバイアスによって排除された人たちを扱いましたが、ほかにも〝排除〟されている人たちがいます。たとえば非欧米の国の人たちです。人工知能のアルゴリズムや使われるデータは、欧米を含む人工知能先進国の価値観や基準でつくられています。しかし、欧米以外にも情報技術ユーザはいます。その人たちが、技術やデータから排除されているために不平等や不利益が生じていないかの議論が必要となります。

このような〝排除〟から抜け出すために、ユーザが自らスキルを身につけ、恩恵を誰もが平等に享受できるようにすべきで、技術を扱うための機器やネットワークインフラ、教育環境の整備に取り組むべきという声があります。

また情報技術は、視覚や聴覚に支援が必要な人たちには使い勝手が悪い部分もありますが、逆に情報技術だからこそできるサポートもあります。そのため視覚や聴覚の不自由な人たちに対する支援アプリやプラットフォームの開発に、さまざまな企業が取り組んでいます[8]。技術や制度を上手に使うことによって、常識にとらわれない新たな価値を生み出す先駆者として活躍している人も数多くいます。そのため、既存の枠組みの中で考えるのではなく、さまざまな人の声、声なき人の声を拾い上げていく試みが重要です。

そのような宣言を盛り込んでいるものとして、二〇一八年に公開された国連人権高等弁務官事務所（ＯＨＣＨＲ）の「人権に基づくデータへのアプローチ」と題する報告書があります[9]。「人権に基づくアプローチ（ＲＢＡ）」は国連を中心に採用されてきた考えであり、ＳＤＧｓの「誰も置き去りにしない世界」とも密接にかかわっています。性別、年齢、民族、移民、障がい、宗教、所得、性的志向などさまざまな理由で、データによる差別や排除が起きてはならないとし、以下の六つの原則を提唱しています。

1．データ収集や処理プロセスへさまざまな人を参加させているか（Participation）
2．社会的弱者のコミュニティに対する不平等などがないかを確認できるように個人の属性が適切に分類されているか、またデータを（任意の）属性に分解できるか（Data Disaggregation）
3．データを収集される人たちにはどのような個人的属性に関わる情報を開示するか否かや、

自分（たち）自身をどのように定義するかを自分で特定できるか（Self-identification）
4．データ収集の透明性は担保されているか（Transparency）
5．データのプライバシーは保護されているか（Privacy）
6．データが人権の観点からアカウンタビリティを負っているか（Accountability）

さまざまな当事者が参加をし、開示するデータを自分で特定していけることが重要です。また、データを詳細に得ることで差別や不平等がないかを確認できることと（Data Disaggregation）、個人のプライバシーを保護する（Privacy）ことはトレードオフとなることもあるため、両立のための工夫が議論されています。

コラム④

ブラジルで行われた「人工知能と包摂」会議

二〇一七年一一月、私はブラジルで開催された「人工知能と包摂」という会議に参加しました[10]（図4－2）。この会議には、欧米だけではなくブラジルやアフリカからの参加者もありました。またグーグルやフェイスブックなどのＩＴ企業のほか、国際関係機関、政策関係者、メディアや人権問題関係の活動をしているＮＰＯ法人など多様な業種や研究分野の人たちが参加していました。

この会議で話題に上がった「排除された人たち」の事例を二つ紹介します。

一つはブラジルの観光客が、地図アプリを使って目的地までの最短経路を検索したところ、地元の人なら知っている治安の悪い地域をそうと知らずに通ってしまい、〝不幸なことが起きた〟という話です。もう一つは、画像検索サービスに関するものです。会議参加者の一人が暮らす地元近くの町では、かつて大虐殺がありました。そのため町の名前を画像検索すると、大虐殺の画像しか出てこないのですが、現在の町の様相はまったく違うものであるにもかかわらず、情報が更新されていないのだそうです。

ここで「排除されている人」とは誰でしょうか。地図アプリの例では、観光客が地元の治安状況から排除されています。また同時に、その地図アプリをつくった人たち、あるいは企業が、その地元の治安状況へのアクセスから排除されているともいえます。画像検索サービスも同様に、その町の人が、世界の正しい認識から排除されているほか、画像検索サー

図4－2　ブラジルで行われた「人工知能と包摂」会議の全体集合写真。

ビス会社も、現在の正しい街の様子へのアクセスから排除されています。

これらの事例は、画像や治安情報に関する〝的確〟で〝正しい〟情報があれば技術的には解決できるでしょう。しかしその情報を〝誰が〟〝誰に〟〝どのような手段で〟提供すればよいのでしょうか。サービスを提供する巨大企業に対し、地元に支社もない地域住民の意見は届くのでしょうか。

仮に地域住民が〝正しい〟情報を入力できる機能をサービス会社が追加したところで、その情報が本当に〝正しい〟と誰が判断するのかも問題です。自分に都合のよい偽情報（フェイクニュース）をつくり出すことや、個人や企業にとって望ましい情報だけを発信・受信したいとする現象がみられる中、情報の〝的確さ〟や〝正しさ〟に関しても議論が必要となるでしょう。

また地図アプリの事例では、治安が悪い地域の情報を収集したうえで「危険地域を避ける」など検索の選択肢を追加すれば、技術的に解決できるかもしれません。しかし、〝治安が悪い〟という情報は誰がどこから入手するのでしょうか。更新頻度はどのくらいが適切でしょうか。地域住民は自分の住んでいる地区が〝危険〟と判断されることを嫌がるかもしれません。そうすると地域の経済にも影響が出るおそれがあるからです。

このように問題は技術だけでは解決できず、さまざまな人たちとの対話と協力が必要となっています。

・使えない人たち：追放された人たち

予測評価を行う人工知能が使われた結果、社会的なインフラの利用やそのほかの技術利用から追放される可能性があります。金融機関による信用評価システムは昔からあります。支払い状況などをもとに信用がスコアリングされ、評価の低い人は融資が受けられないなどは従来からあるシステムです。しかし、中国ではスコアのもととなるデータにネット上の活動が加わっています。決済アプリの利用者が拡大しており、それに伴ってアリババ傘下の信用情報機関〈芝麻信用（セサミ・クレジット）〉やテンセントの〈騰訊征信（テンセント・クレジット）〉が、ネット上での購買履歴やSNSデータ、資産保有情報から個人の信用力を採点します。信用スコアはさまざまな領域で参照され、評価の高い人は金利優遇をはじめさまざまな優遇措置を受けられます。反面、評価の低い人は公共交通機関による移動に制限がついたり、企業の採用に不利になったりするなど、官民の機関で差別的な扱いを受けることもあるようです[11]。二〇一八年二月には中国の中央銀行が、民間の信用情報機関八社と業界団体を合わせて全国統一の信用情報調査会社〈百行征信有限公司〉の設立認可を発表しました。統一されることによって官民双方の情報を合わせた監視が進むという懸念もあれば、逆に民がもつ膨大なデータが、中国人の個人情報保護意識や国際的なプライバシー保護の観点から望ましくないため、官から規制が入るのではとする見方もあります[12]。

第1章で紹介したように、人工知能による予測評価はどのようなデータやアルゴリズムを採用しているかによってバイアスが生じます。また、中身がブラックボックス化してしまうこと、個人の属性といった統計的・確率的なセグメントによって不当に差別を受けることは個人の尊厳に抵触しうる、と憲法学者の山本龍彦氏は指摘しています。(13)

データを守りつつ、活用する

現在、多くの便利なサービスは無料で使えます。それは無料サービスを提供している企業が、個人情報をもとにした広告を活用して利益を得るビジネスモデルをもっているからです。また場合によっては、私たちの情報が知らないうちに公開されたり、ほかのサービス会社に販売されていることもあります。利用規約に同意することで、私たちはサービスを無料で使える代わりに、自分たちのさまざまな情報とその利用の権利をサービスの運営会社に渡しているのです。

収集した個人のデータをどのように使うかは企業次第です。そのため、規約によって自社内にとどめておくだけではなく一般に公開や共有することもできます。それが国家安全保障の問題へと発展することもあります。たとえば運動や活動量を可視化できるスマートウォッチは、個人が自分の運動量を把握し、健康に向けたアドバイスを受けることを可能にするツールです。個人が見られる情報は企業も見ることができます。二〇一八年一月に、スマートウォッチの会社が世界中のユーザの活動を可視化する地図をネット上に公開したところ、同社のツールをアメリカ軍の兵士も利用していたため、彼らの活動範囲であるアメリカ軍基地の地図が浮かび上

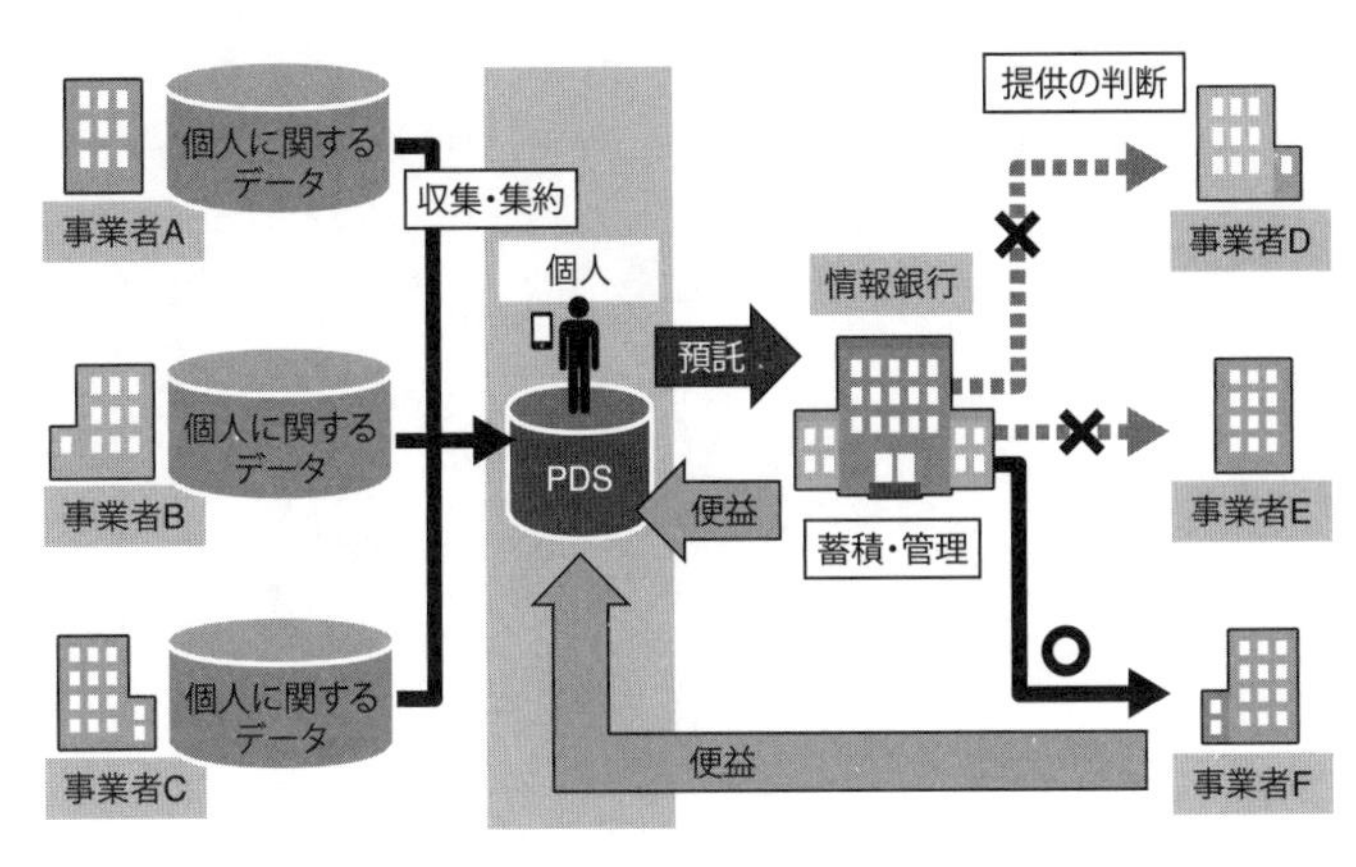

図４－３　情報銀行のしくみ。

がってしまったという問題が発生しました[14]。

　またデータが知らないうちに第三者に提供されていることもあります。このようなしくみが問題視されたのが、二〇一八年に明らかになったケンブリッジ・アナリティカのデータ不正収集疑惑です。同社はフェイスブックから最大八七〇〇万人の個人情報を本人の許可なく不正に入手し、それが二〇一六年のアメリカ大統領選挙において投票者の動向を分析するために利用されたといわれています。

　これに、二〇一八年五月に施行されたＧＤＰＲも相まって、自分の情報が自分のあずかり知らないところで利用されてはならない、個人の情報は個人が管理すべきとする考え方が、欧州では強まっています。しかし、自分の情報がどのようにどこで利用されているのかを個人がすべて追うのは困難です。そこで、「情報銀行」というビジネスモデルが注目を浴びるようになりました（図４－３）。銀行が個人の財産を管理するように、情報銀行は個人に代わってデータを管理すると同時に、個人が指定した条件に基づいて、個人の移動履歴や健康データなどをほかの事業者に提供することができます。そうすることで、健康に関するアドバイスやサービスを得られたりするビジネスモデルも考えられます。

総務省および経済産業省は、情報銀行に求められる情報信託機能に関して検討を行ってきていました。二〇一八年六月には「情報信託機能の認定に関わる指針 ver1.0」が公開され、民間団体などが情報銀行と認定されるための基準がまとめられました[15]。

二〇一八年九月には日立製作所と日立コンサルティング、インフォメティス、東京海上日動火災保険、日本郵便、デジタル・アドバタイジング・コンソーシアムが情報銀行の実証実験を開始するとの報道がされました[16]。今後、技術面や制度面、安全面などでさまざまな検証がされていく予定ですが、私たち一人ひとりが個人の情報をどのように扱いたいのか、改めて問われることになります。

批判的思考

別れ際、ウマが街はずれの森を指さした。

「君は人の話を聞くだけではなく、もう少し自分の頭で考えたほうがよいな。森にいるお爺さんを訪ねてみるといい」

ミミが森に入っていくとビーバーに遭遇した。話しかけると、ビーバーは迷惑そうに眉をひそめた。

「自分で考えろといわれて、で、何も考えずに来たのか」

ビーバーは面倒くさそうに頭をかくと、丸太の上に腰掛けた。

「ウマが俺のところに行けっていったのは、答えを教えろっていうんじゃなくて、自分で取り組むべ

き課題を見つけろってことだ。相手が聞きたい話や特定の体制に寄り添った知を提供するんじゃなくて、相手にとって批判的かつ建設的な物の見方を提示することが俺らの役割なの」

どうしたらリスクを少なくベネフィットを得られるかの調整を求められた都とは、ずいぶん考え方が違う。

「まぁ、俺の弟子も都で働いてるし、調整者が求められることもわかってる。それは儲けにもつながるしな。だけどな、今あるいろんな意見を調整するだけでは新しい知は生まれない。お前は今、相手がいってほしいことをいうだけの体のいい道具だよ」

二　倫理的／道徳的な機械

第1章では技術の悪用を紹介しました。技術を道徳的に使うために、機械に常識や倫理を埋め込む「倫理的な人工知能研究」や「有用な人工知能研究」には哲学者、倫理学者も積極的にかかわっています。いくつかの実例を紹介します。

人間というブラックボックス

第1章では機械による判断の偏りを紹介しましたが、そもそも、人間による判断もブラックボックスになる可能性があります。

たとえば数千もある応募から、面接する数十人を絞り込んでくれといわれたら、しかもそれを一日でやってくれといわれたら、人間の人事担当者はどうするでしょうか。「成績」「自分と同じ出身校」や、場合によっては「直感」などで足切りする場合、人間による採用基準のほうがよほど〝雑〟かつ〝ブラックボックス〟になりかねません。結局のところ、さまざまな判断の補助を〝機械に頼らざるを得ない〟ところまできています。

さらに、社会全体としての「公平性」と、企業としてどのような人材が欲しいかを踏まえたうえでの「公平性」にはズレがあります。各企業は、自社が欲しい人材像を明確にし、それを言語化し、機械の基準に落とし込めることは落とし込み、落とし込めない基準は最終的に人間の経験と勘と創造性を発揮して見極めるしかないのです。

一方で、基準がある程度数値化されるということは、そのルールが明らかにされればゲーム的に〝攻略〟される可能性もあります。現在も、採用されやすい自己アピール文の書き方や、昇進しやすくするための資格の有無などはあります。しかしゲームのバグを見つけてショートカットが可能なように、〝常識〟のない機械には、人間だったら絶対に加点しないだろうというような、時に思いがけない攻略法があるかもしれません。また、これからの社会、ゲームのルール上で点を稼ぐことを目的化する人材よりは、ゲームのルールをつくる人材が求められています。ルールを守りつつもルールを更新していける柔軟性を尊重する再帰的なしくみを構築しなければ、誤解を恐れずにいえば、〝機械に支配される〟人間社会をつくることになります。ルールをつくるのはあくまで人間であり、ルールを変えられるのも人間であることを忘れてはならないのです。

報酬関数と常識のない機械

試行錯誤を通じて与えられた目的を最大化するような行動を見つけ出す強化学習では、目的を達成したときの報酬関数の定義を誤ると異常な行動を取ります。〈オープンＡＩ〉の研究者が興味深い動画を提供しています[17]。彼は、ほかのプレーヤーより速くゴールすることが目的の

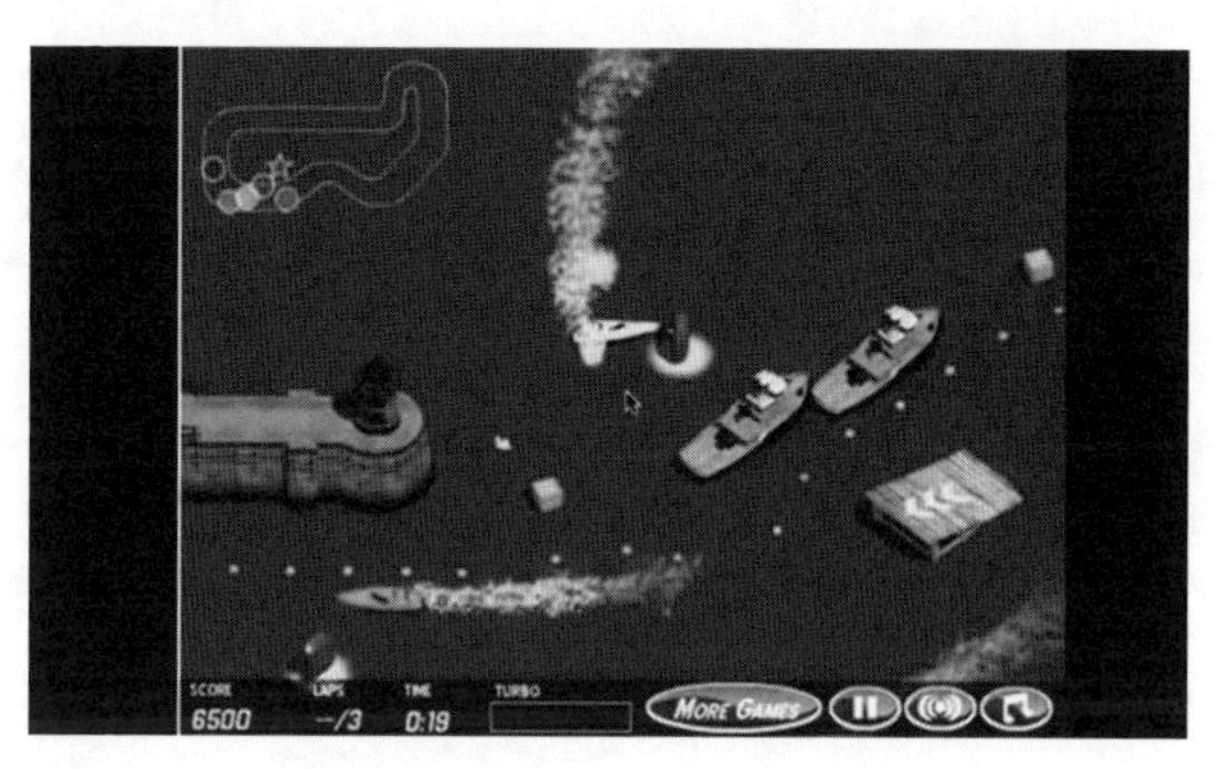

図4－4　ゲームが示した異常な挙動。中央にいる白いボートは周りにぶつかりながら報酬を得るようになった。巻末注17より。

ボートレースを研究していました。このゲームはコースに配置されている目印を通り過ぎることで得点が得られるというしくみになっています。人工知能がさまざまな試行錯誤と学習を繰り返した結果、最終的には通常のコースに従って走るのではなく、火花を散らしながらもコース外のルートを回ることによって高得点をはじき出す、といった挙動を示すようになったのです。これはそもそものゲームの前提を無視した行動です（図4－4）。人間であれば、コースを回るという前提を外れることはありませんが、機械はがむしゃらにさまざまなことを試し、おそらくはゲーム設計者ですら想定していなかったであろう〝裏技〟とでもいえるような方法で、効率的に高得点をはじき出すルールを見つけ出してしまいました。

　機械そのものには道徳や常識や倫理観はありません。逆にいえば忖度もしません。ただ機械的に、与えられたデータと指示の中での最適解を探します。画像検索などは画像の〝意味〟を理解しません。単語と画像パターンの関連性を見ているだけです。そのため人間だったら常識的には結びつけないようなものと結びつけてしまう可能性があります。すべての〝常識〟や〝ルール〟を機械に埋め込むことはできませんし、機械には常識がありません。これを回避する方法として、人間の操作を学ばせる、報酬関数も機械に自己学習させるだけではなく人間も評価してフィードバックを与える、似たようなゲームの訓練結果から新しいゲームの常識を推論させるなどが挙げられます。第1章でも紹介したように、ルールベースや知識ベースの人工知能との組み合わせが必要になってくるのです。

思考実験としてのトロッコ問題

第2章の「倫理的な人工知能」では、人工知能やロボット技術に倫理的な判断や説明をさせることはできるのかという問題設定を紹介しました。このような議論は思考実験的に行われてきており、古くは哲学の問題として有名な「トロッコ問題」があります。さまざまなバリエーションがありますが、一人と五人、老人と子ども、自分と他人など条件の違う命の重みを二つ提示され、どちらの命ならトロッコで轢(ひ)いてもよいか判断を迫ります。

これはもともと、人間がどのような倫理的な原則に従って行動しているかを考える、思考実験として考案されたものです。現在は自動運転をどのようにプログラムすればよいのかとして取り上げられます。

この問題を解くにあたって、みんなの意見（集合知）から「倫理的価値」を構築しようとしたマサチューセッツ工科大学の〈モラル・マシーン・プロジェクト（Moral Machine Project）〉があります[18]（図4－5）。実験では、人間のドライバーが右に曲がると子どもを三人、左に曲がると大人を二人轢いてしまうなど、通行人の年齢や性別、種別（人だけではなく犬猫も）や社会的地位などを変更して、どちらを選ぶかを聞きました。約三〇〇万人が参加して、多くの人は「ドライバーが死亡したとしても通行人を救う自動運転車を選ぶ傾向がある」との結論を出しています。しかし、「そのような自動運転車に自分が乗りたいか」という質問には、「いいえ」と答える人が多いという落ちがついています。

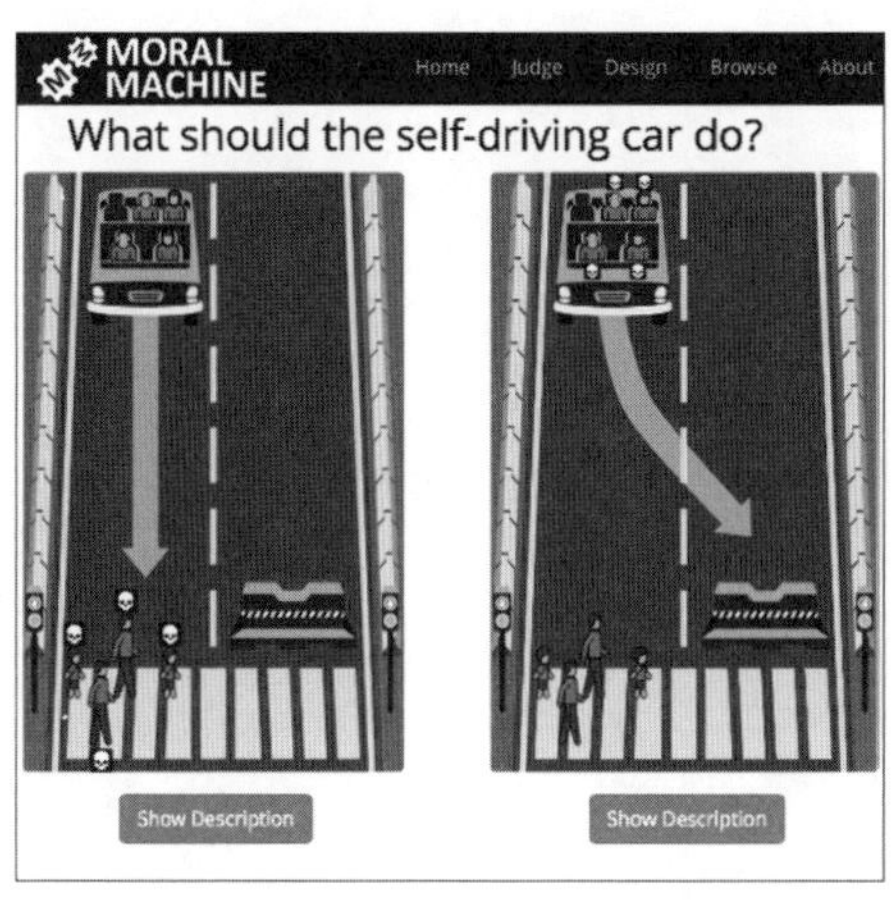

図4－5　モラル・マシーンのスクリーンショット。巻末注17より。

倫理的なジレンマ

人工知能やロボットが人間の生活に入り込むとき、トロッコ問題のようなさまざまなジレンマ状況が生じます。

ヘルスケアに携わる人工知能が、患者にある治療を勧めたところ、患者から拒否されたとします。そのとき、人工知能は患者にもう一度考え直すように説得すべきか、それとも患者の意思を尊重すべきか、どちらがよいでしょうか。

自宅に導入された介護ロボットは、介護者の苦痛をできるだけ和らげることが目的と設定されている一方で、薬の提供には遠隔にいる管理者の許可が必要だとします。何らかの理由で遠隔通信ができなくなったとき、苦しんでいる介護者にロボットはどう対応するべきでしょうか。[19]

これは機械ではなく人間の介護者であっても答えるのが難しいジレンマ状況です。「倫理的な人工知能」研究は、ジレンマ状況に対応できる機械の構築を試みることで、倫理や自律、権利などの概念や人間と機械の関係とは何かを再構成しようとしています。人間がインプットした情報から機械が状況に応じて判断できるようにするのか、統計的に分析するのか、あるいは学習をしていくのかなど、さまざまな考え方があります。

この問いは、機械自らが自律的な判断を下す汎用人工知能が実現できるか、という研究にも展開します。また倫理的な判断を機械にさせるという目的設定自体へも〝倫理性〟が問われます。

人工知能は感情をもてるか

機械倫理（Machine Ethics）では、機械が感情をもち、共感することができるかが議論されています。第1章でも、「心をもつ人工知能」といった研究テーマを紹介しましたが、現在のブームである〝学習〟の次に期待されているのは、〝感情〟を解する人工知能、そしてその人工知能を通して人間自身の感情を理解しようとする研究です。感情を解するロボットが必要とされる場面として、たとえば介護分野で、介護者である人間が何を考えているかについてロボットが理解する必要があるとされます。

現実的には、現段階では〝機械が感情をもつ〟ことはなく、〝機械が感情をもっているように人間に感じさせる〟にはどうするかが技術的な課題となります。これに対し、〝機械が感情をもっているように感じさせる〟デザインは、人を欺く行為でもあるため、そのような機械は非倫理的ではないかとする指摘があります。日本でもロボット学者の岡田美智男氏が『ロボットの悲しみ』(新曜社)の中で、おばあちゃんが、抱っこしているぬいぐるみ型のロボットに「きれいだね」と話しかけている様子を見て「痛々しさのようなもの、後ろめたさのようなもの、そしていたたまれなさのようなものを感じた」と書いています。

コラム⑤

人工知能を社会の一員として迎える

人工知能やロボットも人間社会の一員として迎え入れるべきかに関しては、さまざまな文脈で議論が行われています。

人工知能学会倫理委員会の倫理指針第九条には「人工知能が社会の構成員またはそれに準じ

るものとなる」という文章があります。この項目は「構成員またはそれに準じるもの」とは何かという疑問を投げかけることによって、「人工知能の社会のなかでのあるべき姿への議論」を生み出したいという目的で盛り込まれています。[20]

二〇一七年人工知能学会年次大会の公開討論のゲストとして登壇したIEEEのアウトリーチ委員会委員長のダニット・ガル氏は、この指針に対し「人間の知能について解明されていないことも多い中で、社会の一員となる人工知能を開発するとはどういうことなのか」と問題提起されました。人は機械をつくるときに「合理性とモラルをもち、理解可能で決定を下せるような、人と同様な責任をもつ」ように期待しますが、機械は現状、責任をもてないと彼女は指摘しました。

また、人工知能を社会の構成員とみなすのであれば、人間の規範などに従う〝義務〟を負わせるだけではなく、表現の自由や意思決定の自由といった〝権利〟まで与えるのかと疑問を呈し、人工知能はこうあってほしいという願望だけで終わるのではなく、そこから生じるだろう課題や議論についても目を向ける必要性があると指摘されました。

実は、コラム4で紹介した「人工知能と包摂」会議でも類似の議論が展開されました。サウジアラビアのイベントでロボット〈ソフィア〉(図4-6)に市民権を与えるとのニュースが会議参加者の記憶に新しかったこともあり、女性の権利や難民問題などで国籍すら認められていない国がある状況で、ロボットに権利を与える議論をすること自体、社会としての〝正義〟はあるのかと議論されたのです。

二〇一六年九月、パリ第六大学で人工知能と哲学の研究者であるジャン＝ガブリエル・ガナシア氏にインタビューを行った際、日本ではロボットや人工知能を人間のように、パートナーのように扱うことへの関心と違和感を述べられました。彼はジェミノイドや「不気味の谷」、はたまたロボットとの“結婚”は、人間と非人間の境界をなくそうとしているように見えるというのです。一方、フランスでは人間と非人間の境界をはっきりと定義したうえで、人間がどのように人工物を管理できるか、責任をもつことができるかを考えるというのです。

「人ならざるものを人として扱うべきなのか」という思考実験は、前述のトロッコ問題同様、人間の倫理観や責任について考えるトピックとして議論が行われています。

図4－6　ソフィア。©ITU/D. Procofieff

12

ならぬものはならぬ

道具、といわれても、ミミは都では重宝された。

「役に立つなら重宝はされるさ。俺らは、最悪のシナリオを自分の頭で考えるべきだっていってるだけ」とビーバーはつまらなさそうにいう。

「みんな自分の耳に痛いことは聞きたくないんだよ。一歩引いた目線で見たとき、どう転んでも最悪なシナリオしか浮かばなければ、ベネフィットとの兼ね合いなんて生ぬるいことをいってる場合じゃなくて禁止するべきなんだ。今目の前にいる相手だけ見てるお前は、ほかの視点や社会全体といった目線が欠けてるんだ」

話は終わりだとばかりに、ビーバーはザブっと川に入り、ミミを指さし指摘する。

「自分の頭で考えろといったよな。まずは足元から疑え。大方、半島から出ようっていうのはお前の後ろにいるやつがいい出したんじゃねえのか？」

振り返ると、いつの間にか、ネコが木々の間にたたずんでいた。

「物事を仕切るやつが黒幕っていうのがよくある話だ。お前をここまで連れてきたのは誰だ」

自分の意思で、ネコについてきたとミミがいおうとすると、それをビーバーが先回りして遮る。

「自分で決めたと思わせるのくらい、わけないさ。選択肢はいつもそいつから提示されてたはずだ。それが提示された時点で、すでにそいつの思惑どおりさ」

三　リスクではなく禁止

各章の三節では、それぞれの関係者の人工知能関連技術に関する思いや考えといった舞台裏をのぞいてきました。それぞれ濃淡はあるものの、人工知能に関しては、全面的に禁止するのではなくベネフィットを享受しつつもリスクを最小化するという方針を、多くの関係者が共有しています。本章で紹介してきた法や倫理的な観点からも、その方針は大まかには共有されています。哲学・倫理学者や法学者、実務家の人たちの議論を経て、リスクを最小化するために、事故時の責任の所在や保険のしくみも技術とともに開発されています。

しかし、事後対応ではなく、事故を未然に防ぐ事前警戒をするべきだとする議論も忘れてはなりません。もし、ある技術による事故や事件が取り返しのつかないものになる可能性があるのであれば、そもそもその技術の開発や導入自体を防ぐことが必要だからです。

ケンブリッジ大学には生存リスク研究センター（CSER）があります。「生存リスク」とは具体的にどのようなことを意味するのかを、センターの人に聞いてみました。たとえば、人工知能がインフラに入り込むことを考えてみましょう。もしシステムが一斉に機能しなくなったら、都市機能は停止します。私たちのインフラを担うシステムに〝自律的に学習する技術〟が使われ、ブラックボックス化していくと、トラブルが起きても人間には直しようも、止めようもない事態が起こりえます。

都市の交通管理システムは一例にすぎません。すでに私たちの生活の大部分は見えるところも、見えないところも技術システムによって管理されています。その意味では、すでに危機は始まっていますし、ある意味もう遅いのかもしれません。それでも、今からでもさまざまな「生存リスク」に対して事後的、そして事前に対応しなければならないのです。

そして事前警戒をしなければならない議論の筆頭に上がるのが次に紹介する「自律型致死兵器システム（Lethal Autonomous Weapons Systems：LAWS）」です。

自律型兵器システム

現在、多くの研究者や政策関係者、NGOが懸念しているのは単なる兵器システムではなく「自律的」あるいは「致死的で自律的」なシステムです。「有意の人間の判断（meaningful human control）」がシステムに期待できない場合、攻撃を実行する責任の主体が不明瞭になります。それによって戦争が起こりやすくなってしまう可能性、兵器のコントロールが効かなくなり軍拡競争へとつながる可能性が危惧されています。そのため攻撃に際しては〝人間が判断の決定に関わること（human-in-the-loop）〟が求められます。

一方で自律的な防衛システムはすでに存在しています。イスラエルのミサイル防衛システム〈アイアンドーム〉は着弾前に長距離ロケット弾を撃墜可能といわれています。いつ攻撃されるかわからないものに関しては、人間の判断よりも早く対応ができる自動化システムが有効です。しかし、攻撃と防衛に使う技術をめぐっては明確に線引きができるのかの議論があります。

学術界でも、IEEEは「倫理的に調和された設計」の第6章で「自律型兵器システム」を扱っています。二〇一五年の人工知能国際合同会議（IJCAI）でも非営利団体のフューチャー・オブ・ライフ・インスティテュートが自律型兵器システムの懸念に関する公開書簡を提出、議論が行われたほか、二〇一八年のIJCAIでもLAWSの開発、製造や利用に関わらないとする制約を発表し、二四一の機関と三二四九人が署名しています。[21] フューチャー・オブ・ライフ・インスティテュートのアドバイザリーボードのイーロン・マスク氏や故スティーヴン・ホーキング氏などは、核兵器に関する議論をアナロジーに出して、人工知能の兵器利用への懸念を表明しています。

自律型兵器システムのうち、〝致死的〟な影響をもつものがLAWSです。国連では二〇一七年からLAWSに関する特定通常兵器使用禁止制限条約（CCW）の議論が始まりました。CCWは非人道的な効果のある特定の通常兵器の使用の禁止または制限に関する条約です。このCCWの枠組みの中で、LAWSは第Ⅵ議定書として法的拘束力のある条約をつくることを念頭に置きながら議論が行われています。

ただし、自動運転車で歩行者を検知するために必要な技術と、自律的に人を特定して攻撃するために必要な技術に変わりはないといわれています。そのためCCWはこのようなデュアルユース性をもつ技術に対して、一切技術発展させないという枠組みではありません。たとえばCCWは過去に「失明をもたらすレーザー兵器」の開発を制限する議定書（議定書Ⅳ）を発効しましたが、だからといってレーザー関連の研究に大きな支障をきたしたわけではありません。

これは特定の技術を戦争行為で使われないようにする、技術を賢く使い分けるしくみをつくっていくことが大事であるという議論です。そのため、もはや技術ではなく政治の話でもあります。人工知能の技術者なども議論に参加していますが、各国の外務省などの政府機関の関係者が議論に参加しています。

また「インテリジェンス（諜報）活動」を支援する技術も忘れてはなりません。二〇一八年四月にグーグルの社員三〇〇〇人以上がサンダー・ピチャイ最高経営責任者に、人工知能をインテリジェンス活動に利用するアメリカ国防総省の〈プロジェクト・メイヴン（Project Maven）〉から撤退要請する書簡を提出したことが話題となりました。この計画は収集された画像や音声情報などを戦闘支援システムとして用いるものであり、データ処理自体は通常の商業的活動と変わりありません。これに対しグーグルは、二〇一八年六月に人工知能技術開発の原則を公開しました。[22] この文書には、「社会的に有益であること」など人工知能開発における目的を七つ公開しているほか、「兵器の開発はしない」など人工知能開発において行うべきではない四つの応用領域についても言及しています。

性能を向上させる人工知能

ところで現在、LAWSは〝存在しない〟とされています。仮に〝自律的で致死的〟な兵器は禁止となったとしても、そうではない兵器の扱いはどうなるのでしょうか。むしろ今までグレーであった〝既存の技術〟が〝LAWSではない〟と線引きされることによって、開発を進めやすくなる可能性はないでしょうか。

民生用であれば、注目されるために、単にビッグデータ解析をもとにした自動判断技術でも「人工知能搭載！」と宣伝されるような世の中ですが、たとえ〝自律的に学習する技術〟を使っていても「人工知能搭載」とせずに、〝既存技術の延長に過ぎない〟といったほうが、軍事技術としては問題を喚起しないために有効であるとも考えられます。

安全保障の専門家である佐藤丙午氏は、二〇一八年の人工知能学会倫理委員会での話題提供で、人工知能技術をターミネーターのようなロボット型の殺りく兵器などではなく、「兵站から戦場の管理まで正確性（accuracy）と速度（speed）という既存の兵器システムの性能の可能性を向上させるもの（enabler）として理解されるべき」と指摘されました[23]。

標的の発見が早くなる、追跡の性能が上がるだけで攻撃能力は向上します。真新しい技術ではなくても、〝今までよりちょっと性能がよい銃〟や〝今までより連携をよく取って飛ぶドローン〟などは現在も開発され、戦場で使われています。〝ちょっと性能をよく〟するために、たとえば自律的に学習するシステムが使われていることもありえます。徐々に性能がよくなってきたということで議論が起きずに、気がついたらすごく性能のよい技術が当たり前のように使われているかもしれません。このように性能の向上という量的な変化が蓄積することによって、使い方の変化という質の変容をもたらすのは、人工知能技術の素晴らしいところであり、かつ怖いところでもあります。私たちは、まだ見ぬターミネーターの議論で盛り上がる前に、少しずつ起きている変化に気づく必要があります。

人と機械の融合

さらにターミネーター以前に、私たち自身がすでに〝サイボーグである〟とする議論もあります。[24] 人工知能やロボットをはじめ、私たちの身体自体がエンハンスメントされています。とくに軍事技術などに関しては、暗闇でも動き回れる、兵士のトラウマを消すなど、さまざまな実験や研究が行われています。第1章では、いかに心をもった機械をつくるかを紹介しましたが、現実は逆に人間がどんどん機械に近づいているようにも見え、そちらのほうがよりリアルであるという怖さもあります。

人間はどこまで自分の身体を増強してもよいのでしょうか。機械と人間の融合を加速させる「トランスヒューマニズム宣言」では、人間は身体を自由に改造することについて他者から干渉を受けない自由（形態的自由）を有するということが謳われています。[25] 科学技術の加速度的な進展に対し、どのような哲学や倫理観をもって向き合っていくかが問われています。

13

実験

音もなく近寄ってきたネコが苦笑する。「手厳しいですね、師匠」

「お前たちの考えてることくらい、お見通しだ。そしてお前は自分の立ち位置を疑え」ビーバーがネコとミミにいい放ち、ザブっと潜っていなくなってしまった。

あの人は、とため息をついて、ネコは空に向かって声をあげた。

「みなさん。師匠がばらしちゃいましたので、これで終了です」

ガサガサっと木々が揺れ、影が複数落ちてきた。薄暗い中、懐かしい顔が見えた。半島のキツネ、都にいたトラ、中央広場にいたウマ、それに街で話したネズミま

で！

あっけにとられているミミにネコが説明を始める。

「今、大陸は分断されて価値観も多様になっています。感情や能力を増幅、共有できれば、より豊かな社会になるというのがキツネの考えでした。それにウマが既存の問題も増幅されて格差が広がると懸念を示し、キツネはそれも技術で解決できると膠着状態になったんです。そこでトラが実験してみようといってお金や人を集めて、ネズミが社会実装の細かい手引きと安全性の検証を担当しました」

キツネがミミの頭をなでるとパキッと音がして、その手には透明な装置が握られていた。

「私はしくみが機能するか検証する役割だったんですが、実際にはこの人たちのかみ合わない話の交通整理をしてるうちに、どっぷり関わってしまったので、客観的な評価者ともいえないんですよね」とネコが頭をかいた。

人工知能とどう付き合うか

各章で見てきたように、人工知能とは何かの定義も、「関係者」とは誰か、その役割とは何かも多様です。「人工知能研究者」や「法学者」とひとくくりにされる専門家も一枚岩ではありません。本章では、最後に著者である私自身の立ち位置と活動を紹介したのち、それぞれの章で紹介したステイクホルダーの関係性や議論の論点を俯瞰します。

一　ＳＴＳ研究者と実践者として

「はじめに」で本書の目的を〝地図づくり〟と述べました。地図をつくるには、測量などに基づいた客観的データが必要です。三次元のデータを二次元に落とし込む際に、使用目的に応じて図法は変わってきます。航海用にはメルカトル図法、飛行機から方位を見るのであれば正距方位図法、各大陸の大きさを把握するならモルワイデ図法のように。そのような観点から、

「人工知能」という対象物を、少しずつ視点を変えながら紹介してきました。

しかし、どんなに客観的であろうとしても、自分自身の立ち位置も、ある特定の価値観にとらわれていることを自覚する必要があります。[1] 日本人が見慣れている世界地図は日本が世界の中心ですが、アメリカやヨーロッパ人の思い描く世界地図では日本は「極東」といわれるように右端に位置します。オーストラリアにいたっては南北が逆の地図です。また、どの地点から物事を測るかによっても、データに歪みは生じます。そのため、自分自身の立ち位置や関心に対して、批判的、再帰的に振り返ることが重要です。

インサイダー・アウトサイダー

第2章の「研究（者）倫理」で、おもに情報系の研究者に対する行動規範を紹介しました。一方で、研究者を研究する〝私〟の責任はどのようなものでしょうか。

表5‐1は、私がおもに関連している団体を年表にしたものです。

きっかけは二〇一四年一月の『人工知能』誌の表紙が〝炎上〟した事件でした。掃除機を擬人化したものとしてプラグにつながれた女性型アンドロイドの絵が「女性蔑視につながる」という批判を受けました。これに対して有志で議論を始めて、AIRという研究グループが発足しました。[2] その後、人工知能学会の倫理委員会、総務省情報通信研究所や内閣府の人工知能に関する懇談会などの委員、二〇一七年からは理化学研究所のAIPセンター客員研究員、二〇

表5－1　関連団体との関わり

年	月	関連団体
2014年	9月	2014年1月から定期的なミーティングを経て、AIR発足
2015年	7月	人工知能学会　倫理委員会委員
2016年	4月	総務省　情報通信情報通信政策研究所「AIネットワーク化検討会議」委員
	5月	内閣府「人工知能と人間社会に関する懇談会」構成員
	11月	総務省　情報通信情報通信政策研究所「AIネットワーク社会推進会議　開発原則分科会及び影響評価分科会」構成員
2017年	1月	国立研究開発法人理化学研究所革新知能統合研究センター（AIPセンター）客員研究員
	4月	IEEEグローバルAI倫理日本コミッティ
	6月	The AI Initiative of the Future Society シニアアドバイザー
	7月	日本ディープラーニング協会有識者委員
	10月	AI and Society Symposium と Beneficial AI Tokyo イベントを経て、Beneficial AI Japan 発足、運営委員会
2018年	5月	内閣府「人間中心のAI社会原則検討会議」構成員
	7月	日本ディープラーニング協会理事、公共政策委員長

一八年からは日本ディープラーニング協会の理事を務めています。またIEEEグローバルイニシアティブと連絡を取って「倫理的に調和された設計」に意見書を出したり、ザ・フューチャー・ソサイエティの関係者と連絡を取ったりするなど、「人工知能と倫理」の問題設定に積極的に関わっています。つまり〝傍観者／観察者〟というアウトサイダーではなく、〝当事者〟というインサイダーとして関わってしまっています。

〝客観的〟であることをめざすならば、対象領域とは一定の距離感を保つことが重要です。あまりにも研究対象の人々と近くなりすぎると、客観的な観察や判断、批判ができなくなります。

一方で、インサイダーであるからこそ得られる情報もあります。近年では、医療や看護の分野で「アクションリサーチ研究」として、対象となる人たちとともに問題設定をつくり上げていく研究方法や、「当事者研究」のように当事者自らが研究活動を行う動きも出てきています。[3] 研究と実践の距離の取り方は難しく、本来であれば私ではない誰かに私たちが行っている活動を評価してもらうのがより客観的です。ですが、本書では当事者の〝言い分〟として私が行ってきた活動や研究を紹介します。

橋渡しする人

「はじめに」で述べたようにSTSには〝研究〟だけではなくその成果を社会に還元する〝活動〟があります。私自身は、第2章、第3章のような調査研究を行うことや、第1章、第4章の議論を専門家以外の人にもわかるように翻訳する以外に、第1章から第4章で扱った多種多様な関係者が集まって「人工知能と社会」について議論できる、場づくりを行ってきました。科学と社会の橋渡しをする科学コミュニケーション人材の必要性は、科学技術基本計画にも記されています。科学コミュニケーターやテクノロジー・アセスメント、ELSIといった単語も徐々に知られるようになってきました。

STSには科学コミュニケーションに関する実践の蓄えがあり、今までも原子力や遺伝子組換え、ナノテクノロジーなどの技術に関して場づくりが行われてきました。また、「なぜ」「どうして」「どのタイミングで」「どのテーマで」「誰を」つなぐのかに関する理論的な蓄積もあり

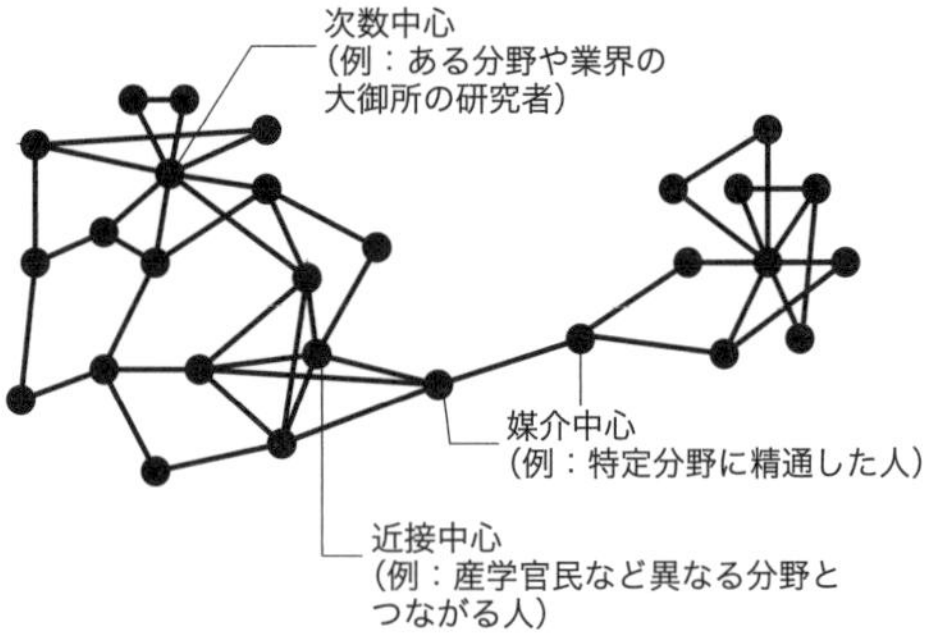

次数中心
（例：ある分野や業界の大御所の研究者）
媒介中心
（例：特定分野に精通した人）
近接中心
（例：産学官民など異なる分野とつながる人）

図5－1　ネットワークのイメージ。

ます。既存の研究に照らし合わせ、私自身の活動から人工知能以外の分野への応用可能性や、逆に人工知能を含む情報技術だからこそできる〝つなぎ方〟の特徴を考えていくこともSTSの研究へとつながります。

しかし、対話やELSI専門の人がいつまで関わるかの議論は必要でしょう。媒介の専門家、異なる境界を渡り歩き拡張する人（バウンダリースパナー：Boundary Spanner）となる「場づくりの専門家／つなぐ人」が必要であるという考え方がある一方、研究者自身が異分野の人と対話できるようになることを理想とする考え方もあります。後者の立場を取れば、私のような媒介者は移行期のつなぎとしての需要はあるものの、最終的には不要となるでしょう。私の〝需要〟を確保するのであれば、常に私を通してプロジェクトが動くようなしくみをつくるのがよいのでしょう。ただ、私自身は私を媒介として知り合った人たちが、私がいなくても話や共同研究を開始されることは、とても素晴らしいことだと思っています[4]。

〝つなぎ方〟にも形式と機能があります。ネットワーク分析では中心的な〝点〟についていくつかの種類があります[5]（図5－1）。わかりやすいのは、より多くの人とつながっている人を

〝中心〟と捉える方法です。大御所の先生など顔の広い研究者は、中心性が高いということができます（次数中心性）。

ただし、たとえば東京や日本などの地域、あるいは法学や機械学習などの分野では中心的かもしれませんが、アジアや産学官民などのより広いネットワークの中で考えると、そこでの〝中心〟とはいえないかもしれません。そこで、ネットワーク上のすべての人たちと情報交換がしやすい位置にいる人たちのほうが、中心にいるとも考えられます（近接中心性）。つまり、東京ネットワークの中心にはいないけれどアジアの人たちとつながりをもっている人や、法学、機械学習、倫理など異なる分野の中心人物とつながりのある人です。

一方で、たとえば「ロシアの人工知能技術の軍事事情といったらこの人」のように、その人がいなければ特定の情報や人の交流ができなくなるといったキーパーソンもいます（媒介中心性）。その人がいなければネットワークが分断されてしまうわけですから重要です。

この三種類のつながり方で考えると、私は広く浅く多くの分野や業種の人とつながるという「近接中心」的な活動をしています。「人工知能」というテーマそのものが、さまざまな近接領域とつながりやすいという背景をもっています。そのため、ほかの研究分野と比べると、近接中心性をもつ人が多いかもしれません。また、国際的なワークショップなどに行くと（コラム4のブラジルでの会合など）、ほかに日本人がいないということがよくあります。その場合、そこで出会った人たちにとって私は、日本につながる「媒介中心」として働くこともあります。

安心して炎上できる場づくりをする人

さまざまな場所で人工知能の社会的な影響について対話の場をつくってみようと、マイケル・サンデル氏のように「これから倫理の話をしよう」といっても、ほとんどの人はきてくれません。一方で、「すべての研究者は社会や倫理の話をするべきだ」と押し付けることは対話ではありません。対話とは、自分の思いを通すために「何が必要か（What I need）」を相手に要求するのではなく、「何がしたいか（What do you want）」を互いに聞き合うことです。対話を通して新しい人工知能システムの設計論や、現在の社会構造を見つめ直すきっかけにもなれば成功です。

しかし多様性の中に身を置くというのは、新しいアイディアやきっかけを得られるという可能性があるものの、実際は〝非常につらくしんどい〟ことでもあります。常に他者との距離を測り、どこに地雷が埋まっているかを理解していないと、知らず知らずのうちに他者を傷つけたり、ほかの分野の人にとって懸念を呼び起こし危険なものとして議論を呼ぶ、いわゆる〝炎上〟する可能性があります。

多様な人との議論によって新たなアイディアが得られるかもしれないといっても、それと炎上リスクと自分の時間と手間暇を天秤にかけて対話の場に行くかというと、どうでしょうか。相手を探りながら、理解されない、理解できない時間を過ごす緊張感を常に強いられることを、万人が受け入れられるでしょうか。変化に耐えられること、変化を楽しめることは大事ですが、全員がそれほど変化を望んでいない場合もあります。また、時々はいいけれど常にそのような状況に身を置きたくないということもあるでしょう。異分野による対話の場を設計している私でも、四六時中そのような場にいるのはしんどいです。

一方、〝阿吽（あうん）の呼吸〟や〝ツーカー〟などは、均質で共有されている文化だからこそできます。その中においては、意思疎通や判断も早くなり、またミスコミュニケーションも起こりにくいでしょう。それはともすると自分の見たい情報しか見えなくなる「フィルターバブル」のような状態でありますが、同じ価値や目的を共有している気心の知れた仲間たちとの対話は楽しく、とても安心できる場所です。

そこで〝炎上〟と〝安心〟のいいとこどりができないか、つまり〝安心して炎上できる場所〟、互いの価値を尊重し対話する姿勢をもつ人々によって〝賛否両論あるかもしれないけれど面白そうなネタ〟を議論できる場が設計できないだろうかという試みも行っています。

コラム⑥

ディストピアについて考える：Project Emerg

実際に「安心して炎上できる場所」をつくるためには仕掛けが必要です。自分が大事にしている研究を批判的な目線で見られたい人は多くはないでしょう。

そこで私たちは、技術と社会を取り巻く社会像の整理にあたって、〝そうなってほしくない〟

と多くの人が考える社会像を「ディストピア」と呼び、ディストピアとは何かを考え整理することで、逆説的に〝そうなってほしい〟社会像と現状を浮かび上がらせて創作物をつくるワークショップを開催したことがあります。[6] 企画名は「危機的で萌芽的な社会や技術（Emerg(ency+ing) societies & technologies）」の状態や使い方を考えるということで「Project Emerg」です。

ワークショップ企画時は、技術の両面性に着目し、技術者や政策決定者には〝想定外〟の事故や事件が起こることで、ディストピアとなる社会像を想定していました。もともと人工知能やロボットをテーマにしたフィクションの中には、今ある技術や社会の延長上で〝こうなったらいいな〟や〝こうなったらいやだな〟という世界を示してくれるものが数多く含まれています。オーウェルの小説『一九八四年』や映画『ターミネーター』などは、人工知能脅威論のきっかけともなっていますが、フィクションであるがゆえに、〝安心して〟技術の悪用の方法や想定外の方法を考える土台にもなります。

類似の視点をもつものとして不正アクセスやハッキング、なりすましや3Dプリンタを用いた銃の製作など、おもにサイバー空間を舞台にしたミステリ小説「サイバーミステリ」があります。[7] これらの小説の多くには被害者がおり、サイバー空間のリスクやベネフィット、そのリスク対策について専門家や一般ユーザが考えるきっかけとなりえます。

しかし企画メンバーで議論を進めているうちに、サイバー犯罪のように明確な〝悪意〟が事故や事件を引き起こすのではなく、みなが〝善意〟で動いているのに最悪な方向にいくシナリオこそがディストピアなのではないか、との議論が行われました。すでに現在、新しい技術やしくみを既存の体制にそのまま置き換えることによって、余計な仕事が増えたり不整合が起きたりします。健康促進を意図した遠隔医療や日々の健康状態のモニタリングは、医師の負担を増やし医療環境そのものを崩壊させかねないとの映像もあります。[8]

また、複雑化・多様化した世界像や価値観において、情報技術はすでにさまざまなディストピア状況を引き起こしているのかもしれません。たとえば、複雑化した環境においての制度設計あるいは技術設計の根本思想が「全体最適のためには、ある特定の層の犠牲や局所的な不利益もやむなし」となる場合がありえます。とくに情報技術は最適化や効率化の問題を解くのが得意であるため、渋滞緩和や物流・金融などの問題を解くにあたって、多くの人が気づかぬうちに操作・誘導される可能性があります。

このようなディストピアは、明確な悪意や事故・事件が生じるディストピアと比較すると地味です。しかし、これらの地味なディストピアの背景には「責任とは何か」、「仕事の本質とは何か」、「全体最適において民主主義とは何か」、「自由意志とは何か」といった根本的な問いがあります。身近すぎて気づきにくい、あるいは当たり前と思い込んでしまっている事例だからこそテーマに選び、それを考えさせるような創作物をつくれないか、現在模索中です。つくるプロセスにおいても、さまざまな人たちとの協働が必要になってきます。

14

種明かし

具体的な「技術」とは何か、ネコもキツネもくわしくは話してくれなかったが、それはミミがもともともっている能力を増幅させただけだという。

「もともとお前は聞き上手だった。お前と話すと自分のことがよくわかったし、自分が外からどう見られるのかとかも思い馳せられるようになったよ。私は意外とマッドサイエンティストだな、とかね」

キツネが苦笑いをすると、「それは昔からだ」と隣にいたウマがぼそっとつぶやいた。

「そもそもこのシステムは、時期尚早だといっただろうが」とウマが続けると「技術に落とし込むにあたって、お前のいうとおりにしてると何年あっても足りないんだよ」とキツネが負けじといい返す。それをネコが、「またその議論ですか」と調整に入る。

それを横目にネズミがミミに笑いかけた。

「いずれにせよ、よくも悪くも使い道のある情報を手に入れられる。君は信頼を得やすいんだろうね」

逆にキツネとネコにはネズミはキツイ口調でいった。「ミミが素直なのはいいことだが、君らのセキュリティ概念は詰めが甘い。ミミに取り入って情報を取り出すことは簡単だ」

キツネとネコが反論をしようとしたのを今度はトラが間に入って止めた。

「あなたたち、その前に謝るのが先でしょう。いまさらだけど、あなたには最初から何も伝えてなくてごめんなさい」

そういってミミに頭を下げた。

二　かみ合わない議論

私自身は、前節で紹介したように自分たちで対話の場を設計することもあれば、第2章で紹介した産学官民の対話の場に参加することもあります。その中で時々〝かみ合わない〟議論に遭遇します。対話の場を企画／参加する立場としては、なぜかみ合わないのかの交通整理が必要になりますが、その多くは個々人の専門性や価値観に根差すものであるため、簡単に解決できるようなものでもありません。また必ずしもかみ合わないことが悪いわけでもなく、合意形成に至る必要がない場もあります。

本節では議論が〝かみ合わない〟理由について、第1章から第4章を振り返りながら、私が今まで見聞きしてきた会議や調査内容も踏まえて整理をします。

ふたたび「人工知能とは何か」

「はじめに」で、本書は人工知能とは何かを明確に定義はせず、モノ、制度、資金、価値観などさまざまなネットワークの関係性の中から浮かび上がらせると書きました。実際、各章で取り扱っている技術やシステムに一貫性はありません。しかし、対話をするときには、参加者のあいだで「今何を議論しているのか」を共有しないと話がかみ合わなくなります。そのため私は会議に参加するとき、「人工知能の定義」や「時間軸」などの定義問題を取り上げることが多いです。[9]

とくに、報告書や原則などを最終的なアウトプットとして作成しなければならない議論の場合、定義問題を曖昧にしておくと話が進みません。またこれらの報告書や原則は、勝手につくられるわけではなく、参加者の主張や関係する組織の利害、政治的な思惑や国際的なプレゼンスの演出法など、さまざまな要因を調整して構築されます。[10] 第2章で総務省情報通信政策研究所のＡＩ開発原則を紹介しましたが、二〇一六年の原則案では「人工知能の範囲」を「既存の情報通信技術の延長上にある」としつつも、「自律性を有するＡＩや汎用ＡＩ」などをも含み得ると広範囲に定義したため、開発に対する規制と見なされ一時産業界からの反発がありました。[11]

分野ごとに異なる概念

一般的な単語であっても、専門用語として使われる場合、意味合いが異なる単語があります。たとえば「公平性」に関しては、第1章と第4章で出てきましたが、『公平性』という言葉の意味は二一通り以上もあると説明する研究者もいます。[12]

ある国際会議に参加したとき、技術開発者と人文社会科学者や政策関係者のあいだにおける公平性概念の〝溝〟が議論されました。技術開発者たちは〝手続き〟に関する公平性をどのように担保するかの議論を中心に行います。人種や性別など属性データをどのように取り扱うかであり、これは技術的に対応が可能だからです。

一方、人文社会科学者や政策関係者では〝実質的な〟公平性にも関心が向きます。つまり、技術だけではなく文脈や歴史的背景なども加味して公平な社会をどのようにつくっていけるかとの議論です。ここで技術は一要素でしかありません。さまざまな「公平性」の定義がある中で、現在何を議論しているのかに関してのすり合わせが必要になります。

単語一つとっても、ステイクホルダーにとって意味は多様です。そのため現在IEEEでは、「一般用語」「情報系」「工学系」「政策や社会科学系」「倫理・哲学系」の五分類で用語集がつくられています。[13]

ニーズとシーズのミスマッチ

第3章では最先端の人工知能技術だけではなく、旧型だけれども故障などなく（あるいはメンテが可能で）確実に動く技術も紹介してきました。技術開発者にとっては精度が「六割から八割に向上した」ということは、研究としてとても意義のあることですが、たとえば自動運転技術などで「八割の精度で事故を回避します」といわれたら、ユーザは購入するでしょうか。残りの二割のリスクを重要視するのではないでしょうか。

社会実装をするときにも、八割でも十分という使い方と、それでは不十分なので、保険などほかのシステムとの組み合わせを導入するといったことが必要です。また、そのしくみをつくることによって企業側にリターンがあるのか、そのインセンティブを設計できるのかがカギとなります。そのようなしくみをつくるうえでの理論的な枠組みやエビデンスを提供するため、第4章で紹介したような法や倫理、社会的な調査や実験が必要となります。

専門性、価値観や文脈の違い

第3章で人と人が接する仕事、たとえば接客や介護などでは、人とロボットどちらに対応してほしいかは人によって異なるのでは、と指摘しました。二〇一五年にAIR研究グループは情報学系研究者のほか、情報学の倫理的・法的・社会的問題を考える人文・社会科学研究者、政策系の専門家やSFなど創作／編集活動関係者、メディア、一般市民など多様なステイクホルダーにアンケート調査を行いました[14]。調査で「一〇年後、どこまでなら人／機械に任せたいか」を運転、育児、介護、人生選択、健康管理、創作、防災、軍事の八分野で聞いたところ、ステイクホルダーごとに、また分野ごとに結果がばらけました（図5-2）。全体として運転・防災・軍事分野など「知的な機械・システム」の導入に社会的合意が必要とされる分野の機械化には積極的な意見が多く、ライフイベントにおける意思決定や健康管理など個人選択に委ねられる分野は〝人間が主体で機械を活用する〟傾向にありました[15]。

また人間や機械に任せたい理由を「より便利で楽そうだから」「よりミスが少なくなるから」

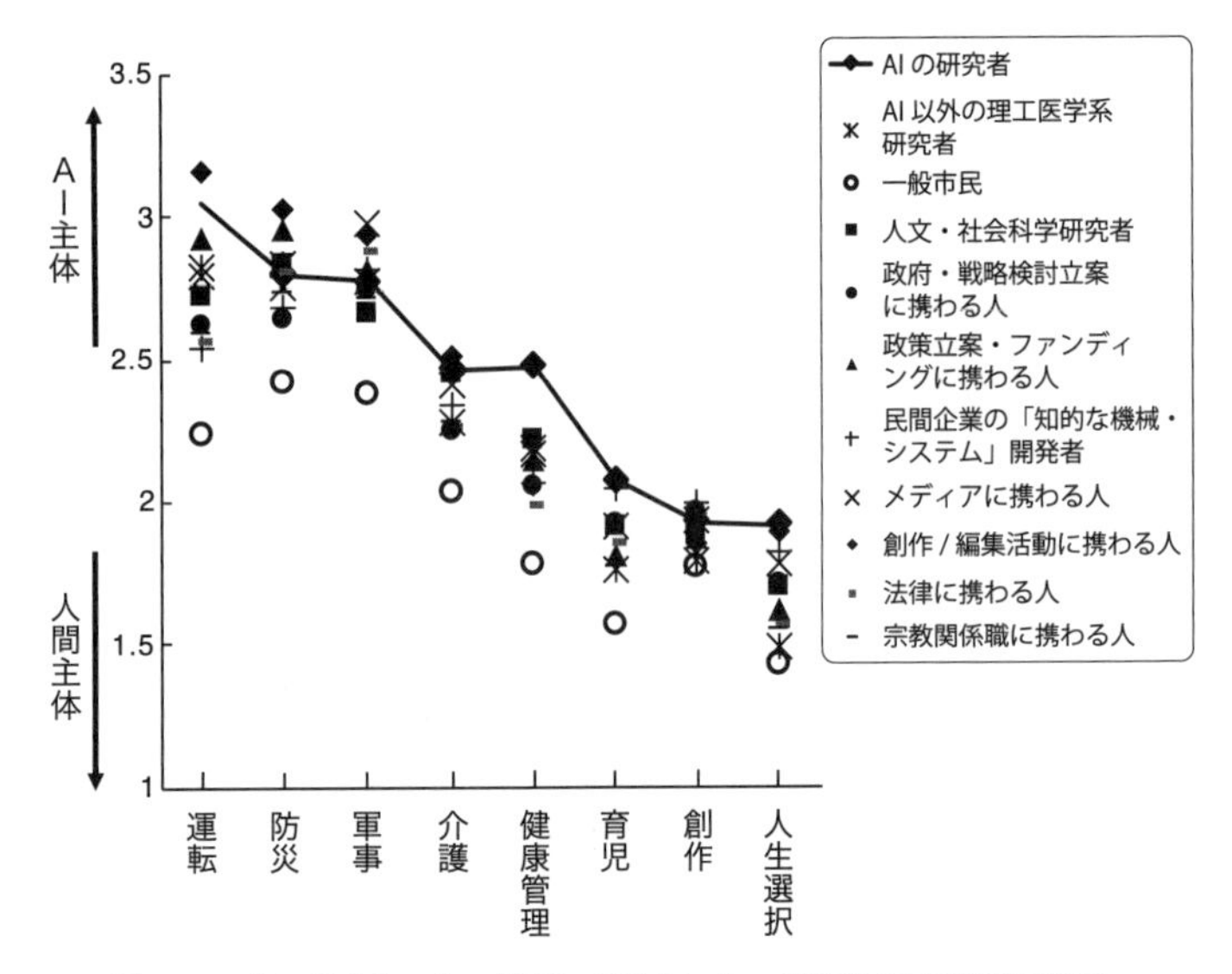

図5－2　人に任せたいか、機械に任せたいか。巻末注16を参考に作成。

「より現実的だから」「プライバシー情報の管理が心配だから」「人間が行うべきもので機械に任せるべきものではないから」から複数回答可で選んでもらいました。ここで工夫したのは、最後の解答以外は「人間のほうが」や「機械のほうが」といった条件を付けていないことです。そのため、運転は人間中心で行うべきと考える人の四四・八%、機械中心で行うべきとする人の五三・五%が、同じ「よりミスが少なくなるから」を理由として選びました。

また、一般ユーザと比較して情報系研究者は機械だからミスが少なく、より信頼でき、より現実的であると答える傾向にありました。一方、情報系研究者でも育児経験の有無と「育児を機械に任せてよいか」のクロス集計を取ったところ、育児経験のある人のほうは人間が行うべきであると考える傾向が有意にありました。

アンケート調査は、異なるステイクホルダーや国といった特徴ごとに比較をするために便利な方法論です。しかしこの調査法自体も、世の中の断片を切り出すものにすぎません。分野ごとに関しては、インタビューなどさまざまな観点から、今後も調査を行っていく必要があります。

「リスク」として語られるレトリック

言葉や定義の違いは、互いの定義や認識をすり合わせれば、少なくとも会話や合意に至ることもあるでしょう。ただし、そもそも認識が異なる場合は、〝考え方は理解できるが納得はできない／賛同できない〟ことになります。

第1章で、技術を考えるうえでさまざまな価値のリスクトレードオフの研究が進められていると紹介しました。第2章で紹介したように、人工知能技術はイノベーションの起爆剤とも考えられています。そのためベネフィットを享受しつつも、リスクを最小化するガバナンスのあり方が模索されています。

しかし、〝リスクとベネフィットのバランスやトレードオフを考える〟枠組み設定自体が、すでに経済的なベネフィットに偏った問題設定になる可能性もあります[16]。技術哲学者のラングドン・ウィナー氏は「リスク」という考え方を導入することで、拒否すべきものも拒否できず、受け入れて管理する議論の枠組みに取り込まれてしまうと指摘します[17]。そのため政策的な議論において、ある課題を「リスク」と捉える前に、ほかに問題を定義する方法がないか、リスク評価の土台にそもそも乗らない方法がないかを徹底的に調べよと提案しています。ある問題を「リスク」と定義することは中立的なことではなく、また本来ならば比較できないものを、定量化することによって問題を狭く、かつ比較可能なものへと構造的に落とし込んでしまっているかもしれないことを考慮に入れるべきだというのです。

議論の論点や議題を考える時点で、問題を矮小化したりほかの可能性を排除したりしていないか、場の設計をする側として気を使っていますが、論点を絞らないと具体的な議論ができないこともあり、なかなか難しいところもあります。自分自身の立ち位置や見方が偏っていることを自覚し、「はじめに」で述べたような「開いて閉じて」のプロセスを繰り返していくことの大切さを感じています。

15

新しい風

ネコが「ごめんなさい」と謝りつつ、今回の計画の全容を話し始めた。「今まで、半島の中で実験していたんですが、よくも悪くもあの半島に閉じていては実験にならない。そこで半島から飛び出すことにしたんです」

キツネがいるとミミが頼ってしまうからとネコが道先案内を務めたという。

なぜ自分が巻き込まれたのかと問うミミに、ネコが説明をする。

「一つはキツネがいうようにあなたは聞き上手だった」

それからもう一つといって、仲間を振り返った。

「私たちの中で話が閉じていてもだめなんです。いろいろな人を巻き込んで、新しい視点が必要でした。あなた自身が媒介となって、新しいアイディアや疑問の種を周囲に与えていくのを見るのは、とても新鮮でした」

強引に巻き込んですみません、と謝りつつ最後に告げた。

「一緒に旅をして楽しかったです。私に頼りになる仲間がいると同時に、あなたが出会った人もあなたの財産です。願わくは、そのつながりを大切にしてほしいし、あなたの目を通して見えた世界を、私たちも知りたいです」

三　次のステップへ

各章の振り返りとつながり

「はじめに」の「本書の構成」で章ごとの関係性を表しました。最後に第1章から第4章までの関係性をまとめます（図5-3）。

第1章では、現在の「人工知能」技術の課題とその技術的な対応策を紹介しました。ただ、技術が信頼されるためには、第2章で紹介したように政策関係者や法・倫理などの研究者とともにしくみを構築していくことも求められます。また、ニーズとシーズのミスマッチを解消するために、第3章で紹介したような産業や分野ごとの企業や専門家、ユーザとの連携を行っていく必要があります。

第2章では、現在の人工知能を含む技術のイノベーションとコントロールをどのように行っていけばよいか、そのしくみづくり（ガバナンス）について紹介しました。ガバナンスには技術コミュニティによる自主的な行動規範や産業による自主規制などのほか、多くのステイクホルダーの合議によって形成されるガイドラインや原則、法規制も含まれます。人工知能技術のように技術発展のスピードが速い分野においては、〝つくって終わり〟ではなく、〝走りながら考える〟〝政策を開いて閉じて〟を繰り返し、第1章から第4章で紹介したような多様な人々を

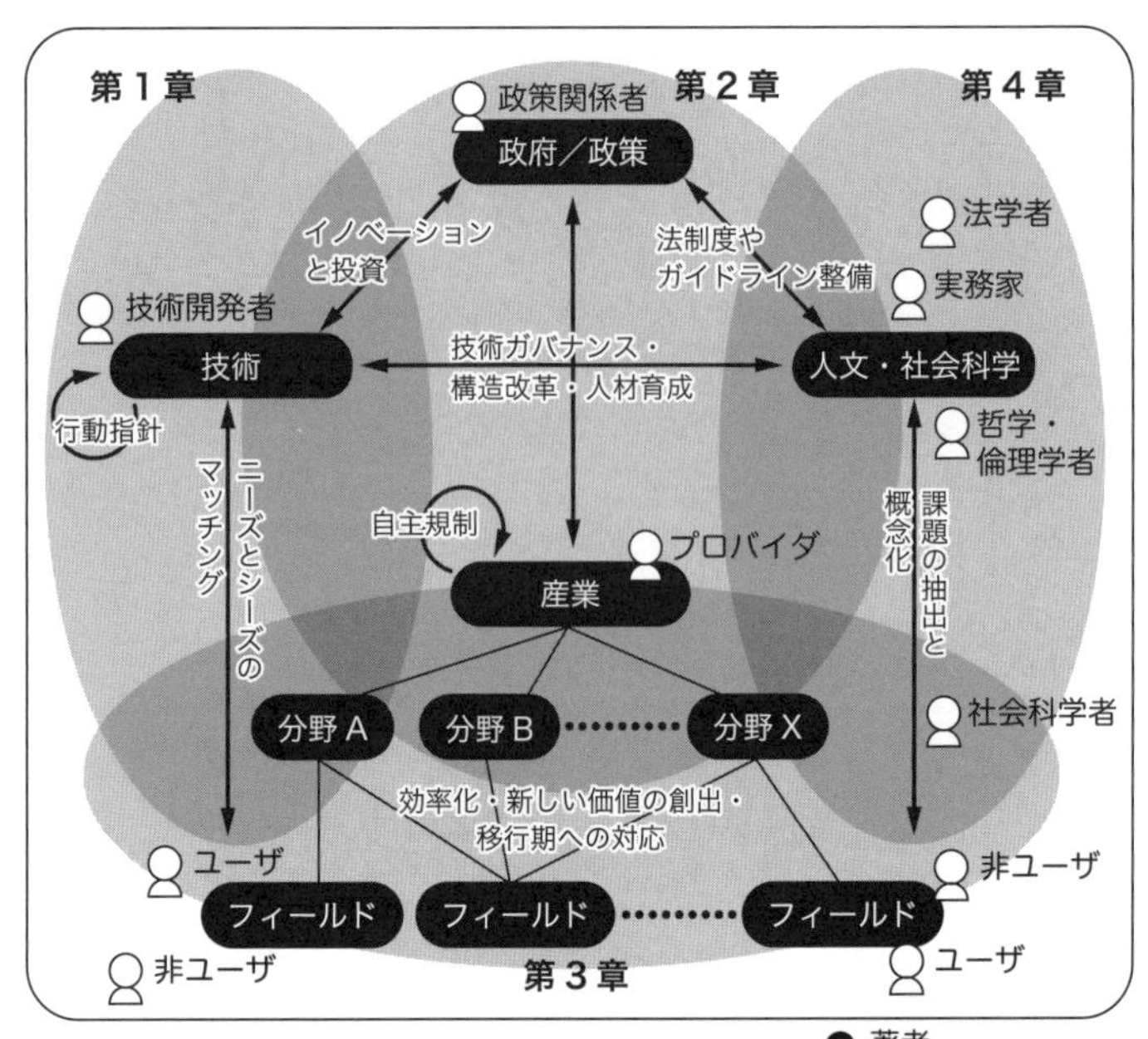

図５－３　各章の相関図

巻き込んで考えることを定常的に行える場の構築が求められます。

第3章では、個別分野やフィールドにおいて労働の効率化や新たな価値の創出、技術導入に伴う移行期への対応といった、サービスプロバイダ側や各分野の専門家を中心に見ていきました。第2章の前半で紹介したように、さまざまな巨大IT企業が無料のツールやプラットフォームを提供しています。そのため、専門家自らが技術を習得し、現場の課題解決に役立てるということも起きています。ただ、無料だからと海外の企業にすべてデータが吸い上げられると〝個人〟としては便利ですが、〝日本〟としてはデータが搾取されることになります。また第4章で紹介したように「データは誰のものか」についても現場からの知見を提供しつつ概念化をしていく作業がますます重要になってきます。

第4章では、技術がもたらすであろう課題や個人の不利益や不快感を、基本的な権利や社会的な課題として論点化する、法学や倫理学者を含む人文・社会科学者の役割を紹介しました。そのためには第2章の現場知との関わりは必須ですし、さらに制度や法まで昇華していくのが第2章の政策形成の場です。

本節を含む第5章では、第1章から第4章までの関係性を振り返り、著者である私自身の活動や立ち位置を紹介しました。

議論のプラットフォーム

現在、人工知能と社会に関する異分野・異業種間の対話の場は数多くあります。産業技術総合研究所の人工知能研究センターや理化学研究所の革新知能統合研究センターでは、本書で紹介したようなさまざまな技術的、法的、倫理的、社会的な課題についての研究やオープンセミナーが開催されています。科学技術振興機構の社会技術研究開発センターでも、二〇一六年から人と情報のエコシステムという領域を設定しています。そのほか、ＡＩ社会論研究会など定期的に研究会を開催している団体もあります。

その中でも、日本における人工知能と社会に関する人的ネットワークの構築でとくに重要な役割を担ったのは、総務省情報通信政策研究所だと考えています。第2章で日本では「人工知能と社会」に関する対話を産業や大学ではなく官がリードしてきたと書きました。情報通信政策研究所のＡＩネットワーク化検討会議には、分科会も含めると四〇人以上の有識者が関わっています。話題提供をいただいた有識者も含めると、数十人規模の異分野・異業種の人たちが集まるプラットフォームと人的資源を構築しているのです。

私自身、本書を書くうえでの多くの知見を、ＡＩネットワーク化検討会議の場で知り合った有識者の方々から得ました。

次のステップ

前節で〝かみ合わない〟議論を紹介しましたが、基本的に技術は社会に〝役に立つ〟ことをめざしてつくられます。技術開発者によるシーズと現場のニーズがうまくかみ合うことによって、新たな価値観や使われ方が生まれてきます。また〝人間とは何か〟という哲学的な問いは、人工知能研究者や法学者、倫理学者をはじめとする人文・社会科学者が共通してもつ普遍的なテーマでもあります。〝人と機械の関係性〟はどうあるべきか、〝私たちの社会をどうしていきたいか〟に関しては、さまざまな人が論じています。人工知能やロボットは宇宙と同じくらい、さまざまな人たちを引きつけるコンテンツです。だからこそ「人工知能と社会」に関する対談本が多数出版されます。

人工知能に関する議論の多くは、第二次ブームでも既出であったことが指摘されていますが[18]、第1章で扱ったように課題に対して技術的にどのように対応していくかということ、また産業界のベストプラクティスや倫理研究の導入など、少しずつではありますが具体的な動きも多く見られます。

これらの人、技術、資金、制度、価値観など、さまざまなネットワークの中から「人工知能と社会」の関係性が形づくられています。関係性の中からは、次世代の技術や人材、価値観や概念などが浮かび上がってきます。本書は〝私〟というフィルターを通してのみ書かれたものであるため、別の人が書いた場合、あるいは今から数年後に同じテーマで書こうとした場合、多くの異なる項目や批判的な論点が盛り込まれるでしょう。一読者としてそれらを読める日が来ることを楽しみにしています。

16

エピローグ～始まりの終わり～

一度にいわれて混乱しているミミの肩をたたき、キツネが思い出したように声を上げた。

「そういえば、タヌキから伝言があったんだった。ミミが帰ってこないと、相談者が列をなして大変だって。あいつ、私がいないあいだ、相当お前をこき使ってたらしいね」

けしからんやつだ、と憤慨するキツネがいつもどおりで、ミミは笑ってしまった。

旅をする中で、いろいろと考えたことはある。今タヌキに会ったら、前聞いたこととは違う質問をしたいとミミは思った。

「明後日、あいつに会ったら文句をいわなきゃ」とキツネはいう。

ずいぶん遠くまで来たのに、明後日会えるというのは、もしかしてタヌキも来ているのか、と思いきや、ガサっと音がして、ネコが地図を広げて見せた。

右端に半島がある。そこから海を渡って大陸を横断し、もう一度海を渡って今いる場所である左端に到達する。

「知ってるでしょう、世界は丸いんです」

ネコが地図を丸めて端と端をくっつけてみせた。

おわりに

今から五〇年前、三〇年前、一〇年前と比較しても、私たちの社会には自動化、自律化した機械がどんどん入ってきています。そのスピードは加速度的に速くなっていますが、すべての人に同じスピードで浸透しているわけではありません。

現在の社会は価値が多様化しているようにも思える一方で、その実、「フィルターバブル」のように画一化、均質化した場所も増えてきています。世界は多様かつ画一化しています。そのように切り分けられていく社会だからこそ、多様な価値を尊重し対話の場を設計することが重要になってきます。

本書の最初に、さまざまな集団やモノ、制度が人工知能という概念を媒介として結びついていると書きました。そのネットワークを有意義なものにするために、技術者や法、倫理学者、政策関係者など多様なステイクホルダーが活躍しています。しかし、第3章で紹介したように、そのネットワークの中で中心的な役割を担うのは、私たち一人ひとりです。誰もが専門家でもあり誰もが非専門家でもあるのが、人工知能領域の幅広さを表しています。

一歩だけでも自分の領域から足を踏み出してほかの人たちと議論をしていくには地図が必要です。次ページに本書の地図を簡単に示しています。さまざまな人が〝一歩〟を踏み出したとき、人工知能と社会をめぐる議論の地図はどのように変化していくでしょうか。人工知能と社会をめぐる論点と人々の考え方は時間とともにどんどん様相が変わっていきます。

人工知能が浸透した社会はどのようなものなのか。この問いは、最終的に私たちが〝どういう社会にしたいのか〟を考えることにつながります。人工知能やロボットは私たちの社会がもつ倫理観や社会的な規範、あるいは欲望を映し出す鏡だからです。

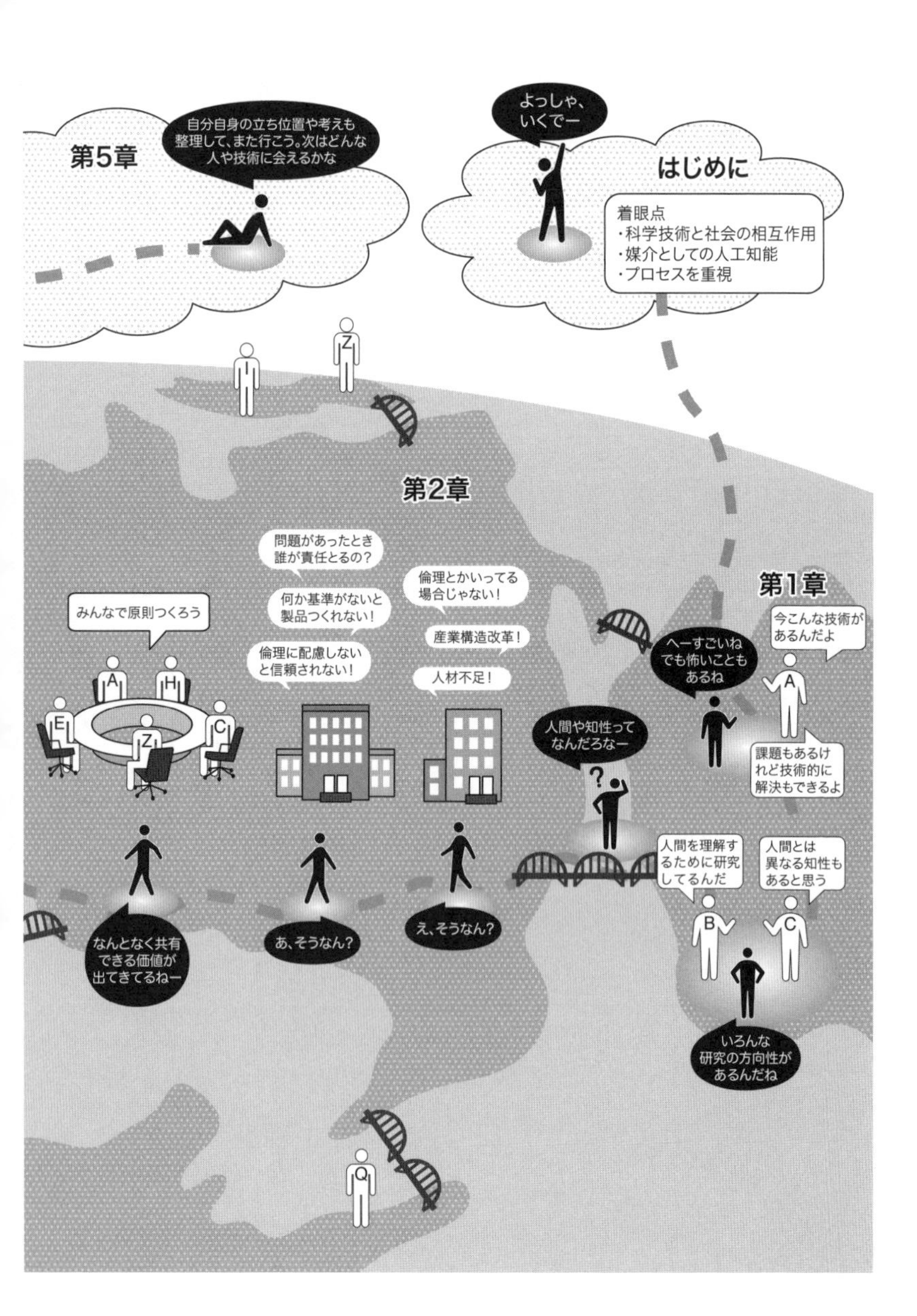
第5章
自分自身の立ち位置や考えも
整理して、また行こう。次はどんな
人や技術に会えるかな
よっしゃ、
いくでー
はじめに
着眼点
・科学技術と社会の相互作用
・媒介としての人工知能
・プロセスを重視
第2章
問題があったとき
誰が責任とるの？
何か基準がないと
製品つくれない！
倫理に配慮しない
と信頼されない！
倫理とかいってる
場合じゃない！
産業構造改革！
人材不足！
みんなで原則つくろう
なんとなく共有
できる価値が
出てきてるねー
あ、そうなん？
え、そうなん？
人間や知性って
なんだろなー
第1章
へーすごいね
でも怖いことも
あるね
今こんな技術が
あるんだよ
課題もあるけ
れど技術的に
解決もできるよ
人間を理解す
るために研究
してるんだ
人間とは
異なる知性も
あると思う
いろんな
研究の方向性が
あるんだね

「人工知能と社会」地図

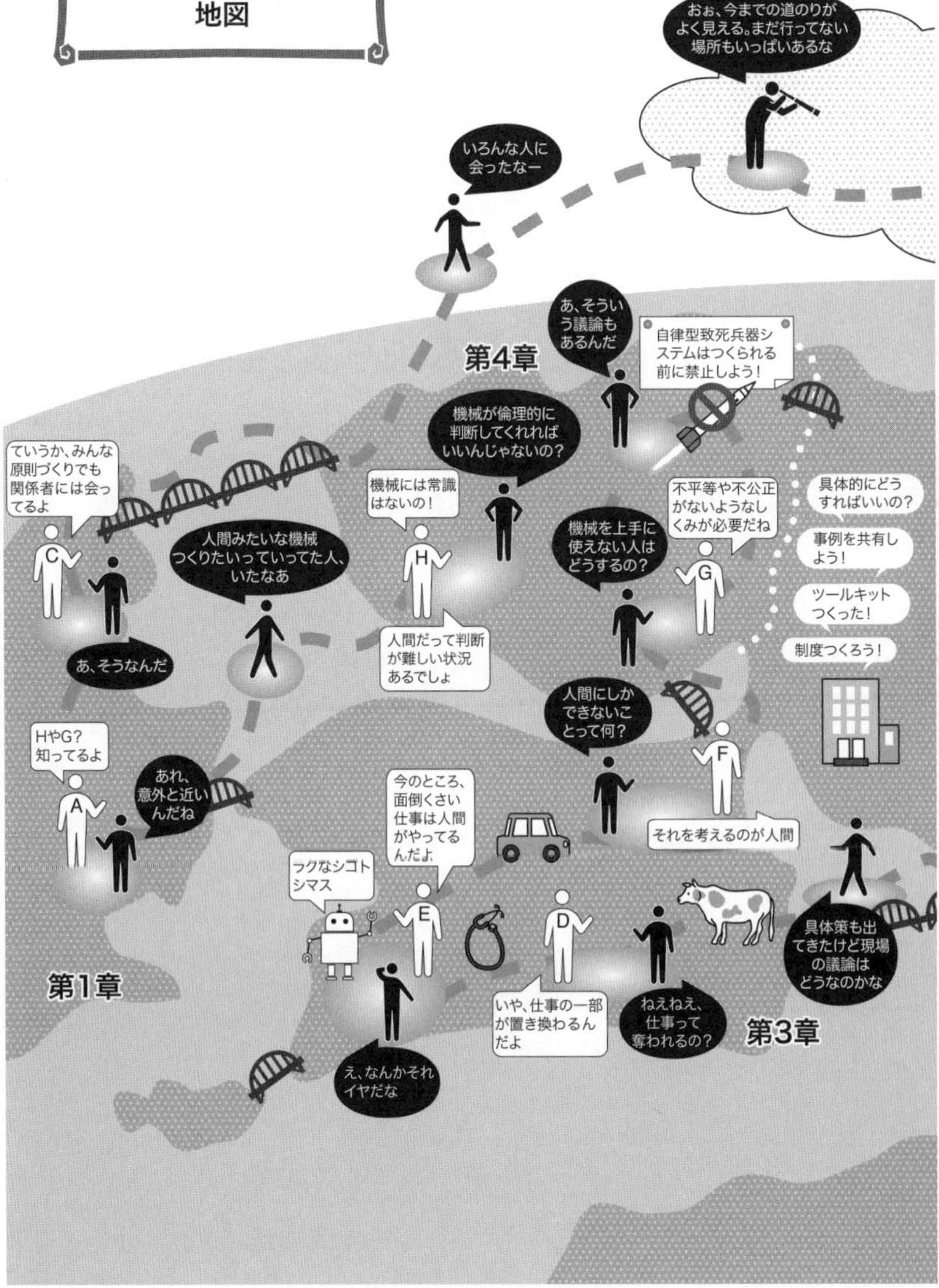

おぉ、今までの道のりがよく見える。まだ行ってない場所もいっぱいあるな

いろんな人に会ったなー

第4章

あ、そういう議論もあるんだ

自律型致死兵器システムはつくられる前に禁止しよう!

機械が倫理的に判断してくれればいいんじゃないの?

機械には常識はないの!

ていうか、みんな原則づくりでも関係者には会ってるよ

人間みたいな機械つくりたいっていってた人、いたなあ

あ、そうなんだ

人間だって判断が難しい状況あるでしょ

不平等や不公正がないようなしくみが必要だね

機械を上手に使えない人はどうするの?

具体的にどうすればいいの?

事例を共有しよう!

ツールキットつくった!

制度つくろう!

人間にしかできないことって何?

それを考えるのが人間

HやG?知ってるよ

あれ、意外と近いんだね

今のところ、面倒くさい仕事は人間がやってるんだよ

フクなシコトシマス

具体策も出てきたけど現場の議論はどうなのかな

第1章

いや、仕事の一部が置き換わるんだよ

ねえねえ、仕事って奪われるの?

第3章

え、なんかそれイヤだな

あとがき

本書は別名「人工知能コミュニティ潜入記：二〇一四～二〇一八」です。

本書を書くにあたって多くの方から助言とサポートをいただきました。この本が面白かったとすれば、それは私と話をしてくれた人たちが面白かったということであり、この本がつまらなかったら、その面白さを私が伝えきれなかったことにあります。全編を通してお礼を申し上げたいのがＡＩＲのメンバーです。

二〇一四年九月に結成されたAcceptable Intelligence with Responsibilityがすべての始まりでした。秋谷直矩さん、大澤博隆さん、市瀬龍太郎さん、大家慎也さん、大谷卓史さん、神崎宣次さん、久木田水生さん、久保明教さん、駒谷和範さん、西條玲奈さん、田中幹人さん、服部宏充さん、本田康二郎さん、宮野公樹さん、八代嘉美さん、吉澤剛さん、吉添衛さんに感謝申し上げます。

またいろいろと企み事を一緒にしてくれる長倉克枝さん。彼女がいなくてもこの本は存在しませんでした。以下、各章ごとにお世話になった方々をあげさせていただきます。

はじめに

藤垣裕子先生に科学技術社会論の奥深さと面白さを教えていただきました。廣野喜幸先生にもリスク論や科学コミュニケーションの実践をご指導、アドバイスいただきました。同僚である見上公一さんとは人工知能とＳＴＳの接点について議論し、本書にも貴重なコメントをいただきました。

第1章

人工知能学会倫理委員会のみなさま、とくに松尾豊さん、武田英明さん、山川宏さん、栗原聡さん、堀浩一さん、塩野誠さん、理化学研究所革新知能統合研究センターの杉山将さん、中川裕志さん、東京大学の國吉康夫さん、鳥海不二夫さんからはＡＩマインドとは何かを教えていただきました。

第2章

日本ディープラーニング協会のみなさま、とくに佐藤聡さん、川上登福さん、岡田隆太朗さんから、日本の深層学習の産業活用状況についていろいろとお教えいただきました。

ＩＥＥＥのジョン・Ｃ・ヘイブンズさんとダニット・ガルさんには海外の「人工知能と倫理」関係の話題や関係者のご紹介をいただきました。アラヤの金井良太さんからは二〇一七年一〇月のAI and Societyシンポジウム（http://www.aiandsociety.org/）開催を通して、さまざまな刺激をいただきました。

総務省情報通信研究所の福田雅樹さん（当時）、成原慧さん（当時）にお声がけいただき、総務省情報通信政策研究所の会議に参加させていただきました。東京大学の佐倉統さんと城山英明さんには、科学と文化、政策に関してアドバイスいただきました。

第3章

フィールド調査を受け入れてくれたみなさまには、さまざまな知見を提供いただきました。国立国会図書館「人工知能・ロボットと労働・雇用をめぐる視点（平成二九年度科学技術に関する調査プロジェクト）」の執筆メンバーと国立国会図書館担当者のみなさまとのやり取りからも、いろいろと勉強させていただきました。

タスク分けワークショップなどにご協力いただいた多くのみなさまにも感謝申し上げます。ＳＤＧｓ関連に関しては東京大学政策ビジョン研究センターのみなさまからいろいろと知見をいただきました。

第4章

法や政策と技術の関係に関しては、マカイラの工藤郁子さんから多く示唆をいただきました。また、東京大学の宍戸常寿さん、慶應義塾大学の山本龍彦さんはワークショップを通していろいろとお教えいただきました。

安全保障に関する議論は、拓殖大学の佐藤丙午さんや外務省の南健太郎さんに、人工知能学会倫理委員会の企画でお話いただきました。

第5章

さまざまな対話の場の企画はＡＩＲのみなさん、Project Emerg（長倉さん、工藤さん、藤田卓仙さん、田中和哉さん）のみなさんと一緒に練り上げてきました。また上出寛子さん、多根悦子さん、大野元己さん、瀬戸崇さんなどをはじめとするみなさまにはイベントや報告書執筆をサポートいただきました。

初めての単著で勝手がよくわからない中、化学同人の津留貴彰さんに根気強くアドバイスいただくことで、本書は形を成しました。鈴木素美さんにも素敵なイラストを描いていただきました。また、この五年間、さまざまな媒体に書かせていただきました。本書の大部分はそれらを再構成して出来上がりました。各媒体の担当者の方には、発表の機会をいただき、感謝申し上げます。とくに海外動向の報告を書くにあたっては日経BP社の浅川直樹さんにいろいろとアドバイスいただきました。

また対話の場づくりにあたっては、サポートしていただく機関の存在がありました。京都大学学際融合センター、東京大学教養学部附属教養教育高度化機構、政策ビジョン研究センター、国際高等研究所、国立情報学研究所、理化学研究所革新知能統合研究センター、国立研究開発法人科学技術振興機構社会技術開発センター（JST-RISTEX）の人と情報のエコシステム（HITE）や独立行政法人日本学術振興会の科学研究費助成事業など、さまざまな機関からご支援とご協力をいただき、研究と活動を進められました。

最後に、いつも支えてくれた家族に感謝します。

二〇一九年一月

江間　有沙

巻末注

【はじめに】

(1) 情報技術と技術決定論の関係は，佐藤俊樹『ノイマンの夢・近代の欲望』（講談社，1996）にも書かれている．技術決定論に関する議論をまとめた論考としてはWyatt, S, Technological Determinism Is Dead: Long Live Technological Determinism. in *The Handbook of Science and Technology Studies*. Hackett, E. J. et al.（eds.）, The MIT Press（2007）などがある．

(2) 本書は技術決定論でもなく社会構成主義でもなく，相互作用に着目する．技術と社会の関係をどのように捉えるかはSTSでは多くの論争がある．詳細は『科学技術論の現在』（勁草書房，2002）の第3章「テクノロジーの社会的構成」（中島秀人）などを参照．また，科学人類学的なアプローチとしてアクターネットワーク理論がある．このような視点に立った研究で人工知能やロボットに関して論じている本として，久保明教による以下の2冊『ロボットの人類学』（世界思想社，2015），『機械カニバリズム』（講談社，2018）がある．

(3) 学術的には「フレーミング（枠組み）」に関する議論をSTSでは行ってきた．コミュニティが異なると別の「フレーミング」で解釈が行われる．論点の可視化を具体的な事例で紹介している本として藤垣裕子 編『科学技術社会論の技法』（東京大学出版会，2015）がある．またSTSの入門書として本書のほかに，藤垣裕子『専門知と公共性』（東京大学出版会，2003），藤垣裕子編『科学コミュニケーション論』（東京大学出版会，2008），小林傳司『誰が科学技術について考えるのか』（名古屋大学出版会，2004），小林傳司『トランス・サイエンスの時代』（NTT出版，2007）なども ある．ほかに，『科学技術社会論研究』（玉川大学出版会）という雑誌も刊行されている．16号「特集：人工知能社会のあるべき姿を求めて」は，2017年9月に開催された人工知能に関する対話型イベントの特集．英語では，STSに関するハンドブックが公開されている．2016年には*The Handbook of Science and Technology Studies*（Fourth Edition）が出版されたが，基本的な概念などを勉強されたい方には，2002年刊行のSecond edition（Jasanoff, S. ほか編集）がわかりやすい．

(4)　バウンダリー・オブジェクトという概念はSTSの中で1980年代後半から議論されている．有名な論文として，Star, S. L. et al. Institutional Ecology, 'Translations' and Boundary Objects: Amateurs and Professionals in Berkeley's Museum of Vertebrate Zoology, 1907-39. *Social Studies of Science*, **19**, 387-420（Aug., 1989）やShackley, S. and Wynne, B. Representing uncertainty in global climate change science and policy: boundary-ordering devices and authority. *Science, Technology, & Human Values*, **21**, 275-302（Summer, 1996）がある．

(5)　科学技術政策の文脈においても，この開いて閉じてというプロセスの重要性が論じられている．代表的な文献はStirling, A. Opening up or closing down? Analysis, participation and power in the social appraisal of technology. in *Science and Citizens: global challenge of engagement*（1st ed）, Leach, M. et al.（eds.）, Zed Books Ltd, pp. 218-231, 2005.

【第１章】

(1)　狩野芳伸「コンピューターに話が通じるか：対話システムの現在」『情報管理』, **59**(**10**), 658-665（2016）: https://www.jstage.jst.go.jp/article/johokanri/59/10/59_658/_html/-char/ja

(2)　ELIZAとの対話は，イギリス・バーミンガム大学のコンピュータ科学のウェブサイトでできる．英語でのやりとりだが，ボックスに英語で症状などを入力すると，ELIZAからのコメントが戻ってくる．http://www.cs.bham.ac.uk/research/projects/cogaff/eliza/eliza.php#showoutput

(3)　人工知能研究者による著書はいくつもあるが，本書ではおもに以下の書籍を参考とした．松尾豊『人工知能は人間を超えるか』（KADOKAWA, 2015），人工知能学会監修『人工知能とは』（近代科学社，2016）．

(4)　Volvo's driverless cars 'confused' by kangaroos : https://www.bbc.com/news/technology-40416606

(5)　松原仁「人工知能における『読んでおくべき本』」『人工知能学会誌』, **12**(**1**), 36-43（1997）．

(6)　松尾豊，山川宏「人工知能学会25周年特集『四半世紀を越えて』にあたって」『人工知能学会誌』, **26**(**6**), 553（2011）．

(7)　A Tutorial on Fairness in Machine Learning : https://towardsdatascience.

com/a-tutorial-on-fairness-in-machine-learning-3ff8ba1040cb
(8) Large Scale Visual Recognition Challenge (ILSVRC) 2017 Overview : http://image-net.org/challenges/talks_2017/ILSVRC2017_overview.pdf
(9) Joy Buolamwini and Timnit Gebru, Gender Shades: Intersectional Accuracy Disparities in Commercial Gender Classification : http://proceedings.mlr.press/v81/buolamwini18a/buolamwini18a.pdf
(10) 山本龍彦，尾崎愛美「アルゴリズムと公正— State v. Loomis 判決を素材に—」『科学技術社会論研究』，16，96-107（2018）.
(11) https://adview.online/c/professional-perception/#/pilot
(12) ブラジルの NPO 法人である Desabafo Social は，検索エンジン会社やデータストック会社に対し，検索結果やデータがアングロサクソン系に偏っていることを問いかける活動を行っている．彼らは，どのような企業が彼らの問いかけに応じたか，あるいは応じなかったかなどを YouTube で解説している．https://www.youtube.com/watch?v=wKrUlk-T6wc
(13) 世界の大学，研究所が進める「XAI（説明可能な AI）」の取り組み：https://www.vertex-pts.com/single-post/darpa-xai-project
(14) Explainable Artificial Intelligence Center : http://xai.unist.ac.kr/
(15) Peeking Inside the Black-Box: A Survey on Explainable Artificial Intelligence (XAI) : https://ieeexplore.ieee.org/document/8466590
(16) Explainable Artificial Intelligence (XAI) : https://www.darpa.mil/attachments/XAIProgramUpdate.pdf
(17) Park, D. H. et al. Attentive Explanations: Justifying Decisions and Pointing to the Evidence (2016) : https://arxiv.org/pdf/1612.04757v1.pdf
(18) Ribeiro, M. T. et al. “Why Should I Trust You?” Explaining the Predictions of Any Classifier (2016) : https://arxiv.org/pdf/1602.04938.pdf. 解説記事は http://innovation.uci.edu/2017/08/husky-or-wolf-using-a-black-box-learning-model-to-avoid-adoption-errors/
(19)「悪夢をつくるグーグル AI：名作映画を『悪夢の映像』に」，WIRED, 2015 年 7 月 9 日：https://wired.jp/2015/07/09/google-deep-dream-video/
(20) ゴッホの「自画像」など有名な絵を読み込ませている動画は YouTube で閲覧できる．https://www.youtube.com/watch?v=I2y6kS7396s
(21) https://www.jstage.jst.go.jp/article/johokanri/60/8/60_543/_pdf の本文の

注 3 など.

(22) Thomas G. Dietterich, Robust Artificial Intelligence and Robust Human Organizations : https://arxiv.org/pdf/1811.10840.pdf

(23) Brundage, M. et al. The Malicious Use of Artificial Intelligence: Forecasting, Prevention, and Mitigation, 2018 : https://img1.wsimg.com/blobby/go/3d82daa4-97fe-4096-9c6b-376b92c619de/downloads/1c6q2kc4v_50335.pdf

(24) 一般社団法人日本クラウドセキュリティアライアンス（CSA ジャパン）「IoT へのサイバー攻撃仮想ストーリー集」: https://cloudsecurityalliance.jp/WG_PUB/IoT_WG/scenario.pdf

(25) IoT 推進コンソーシアム／総務省／経済産業省「IoT セキュリティガイドライン ver 1.0」: http://www.soumu.go.jp/main_content/000428393.pdf

(26) 経済産業省，独立行政法人情報処理推進機構「サイバーセキュリティ経営ガイドライン ver2.0」: http://www.meti.go.jp/press/2017/11/20171116003/20171116003-1.pdf

(27) UBIC「UBIC，インターネット上の『犯罪の予兆』を発見する『Lit i View SNS MONITORING』を官公庁向けに提供開始」: http://www.fronteo.com/corporate/news/uploadfile/docs/20160301.pdf

(28) You won't believe what Obama says in this video!, BuzzFeedVideo : https://www.youtube.com/watch?v=cQ54GDm1eL0

(29)「AI で進化する『フェイク動画』と，それに対抗する AI の闘いが始まった」, WIRED, 2018 年 8 月 14 日 : https://wired.jp/2018/09/14/deepfake-fake-videos-ai/

(30)「いかにも本物なフェイク画像も，ブラウザーが検知する―米企業の技術はデマ防止の切り札になるか」, WIRED, 2018 年 10 月 17 日 : https://wired.jp/2018/10/17/browser-extension-fake-photos/

(31) Szegedy, C. et al. Intfiguing properties of neural networks, arXiv, 1312.6199v4 : https://arxiv.org/pdf/1312.6199.pdf

(32) Hutson, M. Hackers easily fool artificial intelligence, *Science*, **361**(**6399**), 215 (2018). http://science.sciencemag.org/content/361/6399/215

(33)「自動運転中の事故，車の所有者に賠償責任　政府方針」, 日本経済新聞, 2018 年 10 月 16 日 : https://www.nikkei.com/article/DGXMZO28805990Q8A330C1MM8000/

(34) アカウンタビリティという概念は一般的には「説明責任」と訳されるが，法哲学の議論においては「答責性」と訳される場合がある．内閣府の「人間中心のＡＩ社会原則検討会議」第4回において法哲学者の大屋雄裕氏は，ただ単に説明するだけではなく，正当な理由であるところの説明が与えられなければ償う，ということまで含めたものをアカウンタビリティと説明している．http://www8.cao.go.jp/cstp/tyousakai/humanai/4kai/gizi4.pdf，p. 40-41.

(35) 会議のテーマ呼びかけのURLはhttps://fatconference.org/2019/cfp.html

(36) ジョン・D. グラハム，ジョナサン・B. ウィーナー編『リスク対リスク』(菅原努 監訳，昭和堂，1998).

(37) 鳥海不二夫『強いAI・弱いAI』(丸善，2017) や，松原仁『AIに心は宿るのか』(集英社インターナショナル，2018) には対談が含まれ，とくに「まだ見ぬ」人工知能を求める研究者の想いや，人工知能冬の時代を生き抜いてきた研究者の心の内が読み取れる.

(38) 現在の機械学習は，大量のデータがあり，目的が明確なものに有効である．特定の目的に特化したものを「特化型の人工知能 (Narrow Artificial Intelligence)」と呼ぶ．現在，「人工知能」と呼ばれるものは，ほぼ特化型人工知能.

(39) 齊藤康己『アルファ碁はなぜ人間に勝てたのか』(ベストセラーズ，2016) では，アルファ碁のプログラムを解説すると同時に，人間によるプログラミングの限界についてわかりやすく説明している.

(40) 全脳アーキテクチャ・イニシアティブ (https://wba-initiative.org/) では神経科学の知見と機械学習を組み合わせて汎用人工知能をめざす研究を行っている．さらに，現在の深層学習と脳科学の接点について知りたい方は以下の本を参照．合原一幸編著『人工知能はこうして創られる』(ウェッジ，2017).

(41) 東京大学大学院情報理工学研究科廣瀬・谷川研究室が開発した「煽情的な鏡」では，自分の表情は変化していないにも関わらず，鏡の中の自分が笑ったり悲しんだりするように見せることができる．人は鏡の中の自分の感情に影響を受けることが示されている．2013年に行われたDigital Content Expoのウェブサイト (https://www.dcexpo.jp/archives/2013/1754.html) には動画も紹介されている.

(42)「人狼知能」プロジェクト (http://aiwolf.org/) などでは，コミュニケー

ションを取りながら人狼という，人と人の騙し合いや信頼の構築が重要になるゲームをプレイできるエージェントをつくる大会が開催されている．鳥海不二夫ほか『人狼知能』（森北出版，2016）．

(43) Armstrong, S. & Sotala, K. How We're Predicting AI - or Failing to. in *Beyond Artificial Intelligence*, Romportl, J. et al.（eds.），11-29. Springer International Publishing（2015）. https://intelligence.org/files/PredictingAI.pdf

(44) 北野宏明「人工知能がノーベル賞を獲る日，そして人類の未来―究極のグランドチャレンジがもたらすもの―」『人工知能』，**31**(2)，275-186（2016）.

(45) 藤堂健世「最先端の AI の利用と応用」『人工知能』，**33**(2)，192-196（2018）.

(46) 科学技術に関する調査プロジェクト 2017 報告書「人工知能・ロボットと労働・雇用をめぐる視点」，国立国会図書館調査及び立法考査局（2018），第 2 部「Ⅲ芸術・デザイン」（西條玲奈）：http://dl.ndl.go.jp/view/download/digidepo_11065186_po_20180405.pdf?contentNo=1

(47) GoodAI が行ったコンテスト：https://www.general-ai-challenge.org/ai-race

(48) SankeiBiz「AI（人工知能）特集」：http://www.sankeibiz.jp/aireport/news/160501/aia1605010700001-n1.htm

(49) SankeiBiz「AI（人工知能）特集」：http://www.sankeibiz.jp/compliance/news/160508/cpc1605080700001-n1.htm

【第 2 章】

(1) 一般社団法人日本ベンチャーキャピタル協会「第 4 次産業革命に向けたリスクマネー供給に関する研究会」資料：http://www.meti.go.jp/committee/kenkyukai/sansei/daiyoji_sangyo_risk/pdf/001_07_00.pdf

(2) 「ベンチャー・チャレンジ 2020」に関する資料は日本経済再生事務局などから見ることができる：https://www.kantei.go.jp/jp/singi/keizaisaisei/venture_challenge2020/index.html

(3) 一般財団法人ベンチャーエンタープライズセンターによる『ベンチャー白書 2017』の付録には政府・関連団体のベンチャー支援一覧が掲載されており，経済産業省，内閣府，総務省，文部科学省やその他省庁，政府系金融

機関や官民ファンドによるプログラムや助成金が示されている：http://www.vec.or.jp/wordpress/wp-content/files/2017_VECYEARBOOK_JP_VNEWS_01.pdf

(4) 『科学技術白書』平成 24 年，p. 88-89 : http://www.mext.go.jp/component/b_menu/other/__icsFiles/afieldfile/2012/06/15/1322246_014.pdf

(5) 「IT ベンチャー等によるイノベーション促進のための人材育成・確保モデル事業」，みずほ情報総研株式会社，2016 年 3 月，p. 128 : http://www.meti.go.jp/policy/it_policy/jinzai/27FY/ITjinzai_fullreport.pdf

(6) 「AI 人材・専門家数」世界ランキングトップ 3 は米英カナダ…日本は？: https://roboteer-tokyo.com/archives/11982

(7) arXiv.org : https://arxiv.org/

(8) 海外では Kaggle (https://www.kaggle.com/)，日本では SIGNATE (https://signate.jp/) などがある.

(9) 日本ディープラーニング協会のホームページ：http://www.jdla.org/

(10) 2018 年に『深層学習教科書　ディープラーニング G 検定（ジェネラリスト）公式テキスト』が翔泳社より発売されている.

(11) 統合イノベーション戦略会議，第 2 回会議資料：https://www.kantei.go.jp/jp/singi/tougou-innovation/dai2/siryo1.pdf

(12) Collingridge, D. *The Social Control of Technology*, Palgrave Macmillan (1981).

(13) 人工知能学会倫理指針：http://ai-elsi.org/report/ethical_guidlines

(14) 「『人工知能学会　倫理指針』について」(http://ai-elsi.org/archives/471) では，当時の倫理委員長であった松尾豊氏が，「土屋俊先生から，『人工知能研究者は何をするか分からないと世間からは思われている．決してマッドサイエンティストではなく，よりよい社会のためにと思って研究していることを，まずはきちんと表明すべきであり，こうした倫理指針を学会の側から出そうというのは褒めてよい』という内容のコメントをいただいていますが，倫理委員会の意図を的確に代弁していただいたものと思っています」と説明を行っている.

(15) 浅田稔「痛みを感じるロボットの意識・倫理と法制度」『人工知能』，**33**(**4**)，450-459 (2018).

(16) 人工知能学会の倫理委員会でも，2017 年の全国大会で軍事技術に関する

議論を行っている．また，2018年の全国大会では「AIに関わる安全保障技術を巡る世界の潮流」企画セッションを開催し，国内における議論を開始した：http://ai-elsi.org/archives/info/20170616

(17) 民生から軍事へ使える技術のことを「スピンオン研究」，反対に軍事技術が民生に利用されることを「スピンオフ研究」という．とくに近年ではスピンオン研究が重要視されている．

(18) 具体的な内容は，「AI兵器開発を巡り揺れた韓国名門大，KAISTスキャンダルの教訓」『日経XTECH』，2018年7月18日：https://tech.nikkeibp.co.jp/atcl/nxt/column/18/00001/00757/を参照．

(19) 内閣府「人工知能と人間社会に関する懇談会報告書」：http://www8.cao.go.jp/cstp/tyousakai/ai/summary/index.html

(20) IEEEに関する解説は，江間有沙「倫理的に調和した場の設計：責任ある研究・イノベーション実践例として」『人工知能』，32(5)，694-700 (2017) や，江間有沙，長倉克枝「『倫理的に調和した設計』の論点整理：異分野・異業種によるワークショップからの示唆」『情報法制研究会』，第4号，3-14 (2018) を参照．

(21) ACM, Toward Algorithmic Transparency and Accountability : https://cacm.acm.org/magazines/2017/9/220423-toward-algorithmic-transparency-and-accountability/fulltext

(22) Future of Life Instituteによる「アシロマの原則」：https://futureoflife.org/ai-principles-japanese/

(23) 1975年，遺伝子組換え技術に対するガイドラインが議論された場所が「アシロマ」であった。その歴史的な取り組みもあり，アシロマで開催されたと考えられる。日本では人工知能学会倫理委員会がパートナーとして活動をサポートしていた．http://ai-elsi.org/archives/651

(24) The AI Initiative : http://ai-initiative.org/

(25) 報告書は以下より日本語で読むことができる．A Global Civic Debate on Governing the Rise of Artificial Intelligence : http://www.thefuturesociety.org/initiatives/the-global-civic-debate-on-the-governance-of-ai/

(26) AI Universal Guidelines : https://thepublicvoice.org/about-us/

(27) AIネットワーク社会推進会議「国際的な議論のためのAI開発ガイドライン案」：http://www.soumu.go.jp/main_content/000499625.pdf

(28) 総務省：http://www.soumu.go.jp/main_content/000564147.pdf
(29) Linking Artificial Intelligence Principles : http://www.linking-ai-principles.org
(30) Artificial Intelligence and Life in 2030, ONE HUNDRED YEAR STUDY ON ARTIFICIAL INTELLIGENCE : https://ai100.stanford.edu/sites/default/files/ai_100_report_0831fnl.pdf
(31) 国立国会図書館 調査及び立法考査局「人工知能・ロボットと労働・雇用をめぐる視点」(平成29年度　科学技術に関する調査プロジェクト), 2018年. なお, 英語の翻訳版はAIRのウェブサイトから入手可能 (http://sig-air.org/publications/perspectives-on-ai).
(32) Artificial Intelligence Index : https://aiindex.org/
(33) ロボティア編集部「中国AI論文数＆被引用数は世界一位なれど優秀人材は不足…『中国人工知能発展報告書2018』」, ROBOTEER : https://roboteer-tokyo.com/archives/13229
(34) AIネットワーク社会推進会議「報告書2018」, p. 44-45 : http://www.soumu.go.jp/main_content/000564147.pdf
(35) Tim Dutton, An Overview of National AI Strategies, Politics +AI : https://medium.com/politics-ai/an-overview-of-national-ai-strategies-2a70ec6edfd
(36) 各国の個別の戦略などに関しては, 江間有沙, 城山英明「AIガバナンス」『人工知能の研究』(勁草書房, 2019年刊行予定) などを参照.
(37) 城山英明『科学技術と政治』(ミネルヴァ書房, 2018) など参照.
(38) AI Now, Algorithmic Accountability Policy Toolkit, October 2018 : https://ainowinstitute.org/aap-toolkit.pdf
(39) Ethical OS Toolkit : https://ethicalos.org/
(40) Risk Mitigation Checklist : https://ethicalos.org/wp-content/uploads/2018/08/EthicalOS_Check-List_080618.pdf
(41) The Partnership on AI : https://www.partnershiponai.org/
(42) AI, Labor, and the Economy: Charter : http://www.partnershiponai.org/wp-content/uploads/2018/07/AI-Labor-and-the-Economy_-Charter.pdf
(43) Fair, Transparent, and Accountable AI: Charter : http://www.partnershiponai.org/wp-content/uploads/2018/07/Fair-Transparent-and-

Accountable-AI-_-Charter.pdf

(44) IBM, AIのブラックボックス化解消に大きな一歩：https://www-03.ibm.com/press/jp/ja/pressrelease/54345.wss

(45) Responsible AI Practices : https://ai.google/education/responsible-ai-practices/

(46) 「企業は人工知能の倫理的かつ責任ある利用に向けた取り組みを強化していることが判明」, アクセンチュア, 2018年10月23日：https://www.accenture.com/jp-ja/company-news-releases-20181023

(47) Discussion Paper on Artificial Intelligence and personal data, Fostering responsible development and adoption of AI, Personal Data Protection Commission, Singapore : https://www.pdpc.gov.sg/-/media/Files/PDPC/PDF-Files/Resource-for-Organisation/AI/Discussion-Paper-on-AI-and-PD---050618.pdfを参照. なお, シンガポール政府の人工知能戦略に関しては, 江間有沙「『AIと倫理』に一石, シンガポールの戦略」『日経XTECH』, 2018年8月23日 (https://tech.nikkeibp.co.jp/atcl/nxt/column/18/00412/082100001/) と江間有沙「AIガバナンスの枠組み, シンガポール案の中身」『日経XTECH』, 2018年8月24日 (https://tech.nikkeibp.co.jp/atcl/nxt/column/18/00412/082100002/) を参照.

(48) 新技術等社会実装推進チーム：http://www.kantei.go.jp/jp/singi/keizaisaisei/regulatorysandbox.html#title2

(49) 経済産業省「産業競争力強化法に基づく企業単位の規制改革制度について」: http://www.meti.go.jp/policy/jigyou_saisei/kyousouryoku_kyouka/shinjigyo-kaitakuseidosuishin/download/181023_overview.pdf

【第3章】

(1) 総務省のAIネットワーク化会議では関係主体として, 利用者, AIサービスプロバイダ, 最終利用者, AIネットワークサービスプロバイダ, オンラインAIサービスプロバイダ, ビジネス利用者, 消費者的利用者, 間接利用者, データ提供者, 第三者, 開発者に分類している：http://www.soumu.go.jp/main_content/000564147.pdf, p. 51

(2) 本書の分け方は, 江間有沙「情報技術と社会を再構成する視点」『サービソロジー』, **4**(1), 4-9 (2017) に準じる.

(3)　個別分野ごとの研究をモード 1，産学官民などの協働で課題解決のために行う研究をモード 2 とし，さまざまな知の創造のモード（型）があることを論じることを「モード論」という．参考図書としてギボンズ『現代社会と知の創造』（小林信一 監訳，丸善，1997）がある．

(4)　佐藤由紀子「Microsoft の人工知能 Tay，悪い言葉を覚えて休眠中」，ITmediaNEWS，2016 年 3 月 25 日：http://www.itmedia.co.jp/news/articles/1603/25/news069.html

(5)　日本ディープラーニング協会監修『ディープラーニング活用の教科書』（日経 BP，2018）には，さまざまな分野における導入事例が掲載されている．

(6)　3D プリンタなど多様な工作機器を揃えて，一般の人によるものづくりを支援するファブラボ（Fabrication laboratory のこと）には，「ファブラボ憲章」がある．憲章ではラボの利用者は「安全：人や機械を傷つけないこと」「作業：掃除やメンテナンス，ラボの改善など，運営に協力すること」「知識：文書化と使い方の説明に貢献すること」が求められており，一人ひとりの責任への自覚を促している．

(7)　DIY（Do It Yourself）バイオのように，遺伝子解析やゲノム編集などの生命科学の実験を自宅でできるようになっていることに対し，安全性への懸念や環境への影響から規制すべきという議論もある：https://www.asahi.com/articles/ASL6V3FC1L6VULBJ006.html

(8)　Frey, C. B., Michael, A., & Osborne, M. A. The future of employnment, how susceptible are jobs to computerization? September 17, 2013：https://www.oxfordmartin.ox.ac.uk/downloads/academic/The_Future_of_Employment.pdf

(9)　野村総合研究所ほか「日本におけるコンピューター化と仕事の未来」2015：https://www.nri.com/～/media/PDF/jp/journal/2017/05/01J.pdf

(10)　World Economic Forum, “The Future of Jobs: Employment, Skills and Workforce Strategy for the Fourth Industrial Revolution,” 2016.1, p. 13：http://www3.weforum.org/docs/WEF_Future_of_Jobs.pdf

(11)　一般社団法人日本ロボット工業会「世界の産業用ロボット稼働台数」：http://www.jara.jp/data/dl/stock-of-robot-2014.pdf

(12)　労働の種類には肉体労働，頭脳労働に加えて，感情労働があるとされる．感情労働とは，顧客や消費者など相手の感情に合わせて労働者自身の感情を

制御する必要がある労働．看護師や教師の心理的負担になっていると指摘されている．ホックシールド『管理される心』（石川准，室伏亜希 訳，世界思想社，2000）．

（13）AIR「『変なホテル』訪問—変わり続ける労働現場—」『情報処理』，**57**(11)，1078-1083（2016）（http://id.nii.ac.jp/1001/00174871/）を参照．

（14）小田禎彦「ロボットが支える老舗『加賀屋』のおもてなし（特集：人工知能は仕事を奪うのか）」『中央公論』，2016 年 4 月号．

（15）「座談会　プロ棋士から見た AI と人」，21 世紀政策研究所新書：http://www.21ppi.org/pocket/pdf/64.pdf

（16）分類に関しては「介護ロボット普及推進事業」（http://www.kaigo-robot-kanafuku.jp/）より引用．

（17）Zeynep Tufekci, Failing the Third Machine Age: When Robots Come for Grandma Why "caregiver robots" are both inhuman and economically destructive : https://medium.com/message/failing-the-third-machine-age-1883e647ba74

（18）ここでの話題は，「科学・技術と社会の相互作用から，問いを作り出す〜江間有沙・東京大学特任講師」，Top Researchers，2017 年 2 月 10 日を参照．

（19）「中国"自動運転シティー"巨大プロジェクトに潜入」『クローズアップ現代』，2018 年 5 月 8 日放送：https://www.nhk.or.jp/gendai/articles/4125/

（20）ピーター＝ポール・フェルベーグ『技術の道徳化』（鈴木俊洋 訳，法政大学出版局，2015）．

（21）ここでの議論は，江間有沙「人工知能と向き合う方法論：介護ロボット，自動運転，接客サービスを事例に」『生活協同組合研究誌』，**492**，38-44（2017）を参照．

（22）具体的な方法については，「人間と人工知能の共存を共有し共創する：問いと対話を生み出すワークショップのススメ」『ER』，**4**，40-41（2017）や，藤堂健生・江間有沙「ワークショップを利用したプログラミング教育における創造力の可視化の検討」『科学技術社会論研究』，**16**，81-95（2018）を参照．

（23）学生とのワークショップに関する報告は「2017 年 5 月 11 日　学生ワークショップ」として「人工知能が浸透する社会について考える」のホームページに掲載：http://science-interpreter.c.u-tokyo.ac.jp/ai_society/2018/02/2017class/

(24) 国立国会図書館調査及び立法考査局「人工知能・ロボットと労働・雇用をめぐる視点」，科学技術に関する調査プロジェクト 2017 報告書 (2018)，第 2 部などを参照.

(25) 竹下牧場へのインタビュー調査は，AIR「情報技術による試行錯誤：酪農現場の雇用・経営・コミュニティの変化」『情報処理』，**59**(11)，994-1001 (2018) を参照.

(26) 本節における安富氏のインタビュー関連の情報は，江間有沙「牛と最先端技術に向き合う酪農コンサルタント」『情報処理』，**59**(11)，1002-1008 (2018) を参照.

(27) Role of Pilot Lack of Manual Control Proficiency in Air Transport Aircraft Accidents : https://www.sciencedirect.com/science/article/pii/S235197891500863X

(28)「人工知能・ロボットと労働・雇用をめぐる視点」(前掲) のコラム 1「AI と軍事利用の海外事情」を参照.

(29) この情報は以下のサイトの英訳による：http://imnews.imbc.com/replay/2016/nwdesk/article/4118314_19842.html, http://jj.heraldcorp.com/view.php?ud=20161006000264

(30)「人工知能・ロボットと労働・雇用をめぐる視点」(前掲) の第 2 部「Ⅷ治安・セキュリティ」を参照.

(31) ただし，スマートフォン市場という目線で考えれば，習熟コストが低いということは既存の企業の囲い込みが加速することでもある．日本における iPhone (アップル) のシェア率は 2018 年 8 月で 44.38%と 1 位 (https://webrage.jp/techblog/sp_share/).

(32) アメリカの NPO でもある Enough Project は，コンゴ領域原産の鉱物を使っている家電やジュエリー関連企業の時価総額トップ 20 を対象に紛争鉱物不使用度の格づけを行った．2017 年のランキングでは，アップルが 120 点満点中 114 点で 1 位，続いてアルファベット (グーグル) が 102.5，HP が 76，マイクロソフトが 73，インテルが 72.5 と続く．またアップルは，グリーンピースの電子機器のグリーン調達評価でも 2 位を獲得している (https://enoughproject.org/wp-content/uploads/2017/11/DemandTheSupply_EnoughProject_2017Rankings_final.pdf)．日本の企業も，材料は海外から輸入しているものが多いため無関係ではない．経済産業省が非鉄製錬業者や商

社，業界団体に対する調査を行っている．さらに2017年にアムネスティインターナショナルが公開した報告書では，コンゴ民主共和国におけるコバルト採掘での児童労働問題を指摘している．コバルトは電子機器だけではなく電気自動車に必要なリチウム電池にも含まれている．人工知能技術を動かすための装置などに関しても，このような人権や環境に関する課題に取り組むことも社会的に求められている．

(33) 「人工知能・ロボットと労働雇用をめぐる視点」（前掲）の第二部「Ⅶ農業」を参照．

(34) 一方で，通信インフラの整備による身体への影響についても注意深く議論をしていくことは重要である．

(35) SDGsは，17ゴール169ターゲットが着目されるが，冒頭の宣言部分にはめざすべき世界像として「貧困，飢餓，病気および欠乏から自由な世界」「保健医療および社会保護に公平かつ普遍的にアクセスできる世界」「人種，民族および文化的多様性に対して尊重がなされる社会」「人類が自然と調和し，野生動植物その他の種が保護される世界」など「最高に野心的かつ変革的なビジョン」が設定されている（https://www.itu.int/en/ITU-T/AI/2018/Pages/default.aspx）．

(36) 「テロ資金と化す，オンライン広告費」，Campaign Japan，2017年2月15日：https://www.campaignjapan.com/article/%E3%83%86%E3%83%AD%E8%B3%87%E9%87%91%E3%81%A8%E5%8C%96%E3%81%99-%E3%82%AA%E3%83%B3%E3%83%A9%E3%82%A4%E3%83%B3%E5%BA%83%E5%91%8A%E8%B2%BB/433852

【第4章】

(1) ロボットや人工知能に関連した法体系を検討・議論する新しい分野が必要ではないかというのが「ロボット・AI法」．これはあくまで「分野」や「領域」の名前であって「ロボット法」「AI法」といった新たな規制をさすものではない．弥永真生ほか編『ロボット・AIと法』（有斐閣，2018），平野晋『ロボット法―AIとヒトの共生にむけて』（弘文堂，2018），ウゴ・パガロ『ロボット法』（新保史生 監訳・訳，勁草書房，2018），山本龍彦 編著『AIと憲法』（日本経済新聞出版社，2018），福岡真之介 編著『AIの法律と論点』（商事法務，2018），藤田友敬 編『自動運転と法』（有斐閣，2018），福田雅樹

ほか編著『AIがつなげる社会— AIネットワーク時代の法・政策』(弘文堂, 2018), 角田美穂子ほか編著『ロボットと生きる社会—法はAIとどう付き合う?』(弘文堂, 2018) など多数出版されている. そのほか, 「ロボット・AIと生きる世界を考える:法律書から理工書, 人文・社会学書, 文芸書まで必読の81冊」(https://www.kinokuniya.co.jp/03f/book/18-02-23-11-40.pdf) にも多数の本が紹介されている.

(2) 栗田昌裕「AIと人格」『AIと憲法』(前掲), 第4章より.

(3) 「ロボティクスに関する民事法準則についての委員会への勧告を附帯する2017年2月16日欧州議会決議 (8_TA (2017) 0051」: http://www.europarl.europa.eu/sides/getDoc.do?pubRef=-//EP//TEXT+TA+P8-TA-2017-0051+0+DOC+XML+V0//EN

(4) 「画像サンプル『レナ』の正体は『PLAYBOY』誌の最多販売部数を記録したプレイメイト」, Gigazine, 2009年6月18日: https://gigazine.net/news/20090618_lenna/

(5) 2018年5月の改正で, 学習用データ作成に関する法的な障害は除去されたものの, 学習済みモデルの法的保護はあるべきかなどに関しては, 引き続き議論が行われている.

(6) Wyatt, S. Non-users also matter: the construction of users and non-users of the internet. in *How users matter: The co-construction of users and technology*, Oudshoorn, N. & Pinch, T. (eds), 67-79, MIT Press (2003).

(7) GDPRに関する説明は「GDPRによる対応」『AIと憲法』(前掲), 99-108を参照.

(8) たとえばマイクロソフトの〈Seeing AI〉アプリは, カメラを向けた対象物を識別して内容や概観を読み上げてくれるソフト. デモ (https://youtu.be/bqeQByqf_f8) では「女の子が公園でフリスビーを投げている」ことを認識して読み上げている.

(9) A human rights-based approach to data : https://www.ohchr.org/Documents/Issues/HRIndicators/GuidanceNoteonApproachtoData.pdf

(10) 具体的な内容は, 江間有沙「AIを排除や差別の増幅器にしない:ブラジルのAIシンポジウムで議論白熱」『日経コンピュータ』, 2018年2月15日号, 68-71を参照.

(11) 「中国社会で活用が進む信用スコアは日本社会でも普及するのか?」,

MUFG Innovation Hub, 2018年3月6日：https://innovation.mufg.jp/detail/id=244

(12) 「覚醒する中国人のプライバシー～デジタル実名社会で揺れる個人の権利意識」, wisdom, 2018年1月25日：https://wisdom.nec.com/ja/business/2018012301/03.html

(13) 山本龍彦『AIと憲法』(前掲).

(14) How a Fitness Tracking App Exposed U.S. Military Secrets：http://fortune.com/2018/01/29/strava-heat-map-fitbit-fitness-tracking-military/

(15) 経済産業省「情報信託機能の認定に係る指針ver1.0を取りまとめました」：http://www.meti.go.jp/press/2018/06/20180626002/20180626002.html

(16) 「『情報銀行』を日立など6社が実証実験，本人同意下で個人データの流通を目指す」, atmarkIT, 2018年9月12日：http://www.atmarkit.co.jp/ait/articles/1809/12/news043.html

(17) Faulty Reward Functions in the Wild, OpenAI, 2016年12月21日：https://blog.openai.com/faulty-reward-functions/

(18) Moral Machine：http://moralmachine.mit.edu/

(19) 久木田水生，神崎宣次，佐々木拓『ロボットからの倫理学入門』(名古屋大学出版会，2017).

(20) 「人工知能学会　倫理指針」について：http://ai-elsi.org/report/ethical_guidlines

(21) 2015年のIJCAIではAutonomous weapons: an open letter from AI & robotics researchers (https://futureoflife.org/open-letter-autonomous-weapons/), 2018年はLethal Autonomous Weapons Pledge (https://futureoflife.org/lethal-autonomous-weapons-pledge/) が，Future of Life Instituteから出されている.

(22) AI at Google: our principles：https://www.blog.google/topics/ai/ai-principles/

(23) 2018年度人工知能学会全国大会，企画セッション「AIに関わる安全保障技術を巡る世界の潮流」開催報告：http://ai-elsi.org/archives/725

(24) アンディ・クラーク『生まれながらのサイボーグ―心・テクノロジー・知能の未来』(呉羽真ほか訳，春秋社，2015).

(25) トランスヒューマニズム宣言に関しては，本田康二郎氏の講演内容を参照.

［開催報告］「人と機械の適度な距離：ロボット・AI・人体改造」：http://bai-japan.org/2018/report0510-2/

【第5章】

(1) これは，客観的であるべき研究者が，問題視されるべき前提と背景を指摘する一方で，自分自身の前提や背景は所与のものとして受け入れてしまっている自己矛盾として「オントロジカル・ゲリマンダリング（Ontological Gerrymandering)」といわれる．Woolgar，S，& Pawluch，D. Ontological gerrymandering: The anatomy of social problems explanations. *Social Problems*，32(2)，214-27（1985）.

(2) この炎上問題に対しては，AIRが中心となって特集が組まれたほか，異分野間での対話の場が必要であると考察した論文なども発表された．詳細はAIRのウェブサイト（http://sig-air.org/publications）に公開されている．AIR発足の経緯やAIR内部での活動に関しては，「人工知能が浸透する社会を，異分野の研究者たちとともに考える」江間有沙さんインタビュー，The Huffington Post，2015年8月28日（http://www.huffingtonpost.jp/katsue-nagakura/ai-interview_b_8018676.html）を参照.

(3) アクションリサーチに関しては，秋山弘子 編著『高齢社会のアクションリサーチ』(東京大学出版会，2015）が具体的な方法論や事例を扱っていてわかりやすい．また，当事者研究は「べてるの家」に関連する研究書が数多く出版されている.

(4) 江間有沙，水野祐「一歩先の未来を描くために：異分野の視点や知を集める」『対話で創るこれからの「大学」』(大阪大学COデザインセンター監修，大阪大学出版会，2017)，pp. 125-143.

(5) 増田直紀『私たちはどうつながっているのか―ネットワークの科学を応用する』(中央公論新社，2007).

(6) Project Emergについては，江間有沙，長倉克枝，田中和哉，藤田卓仙，工藤郁子「人工知能と社会について考える場づくりの実践」『2017年人工知能学会全国大会論文集』(https://doi.org/10.11517/pjsai.JSAI2017.0_4G2OS14b3)を参照.

(7) 一田和樹ほか『サイバーミステリ宣言！』(KADOKAWA，2015).

(8) 第29回日本医学会総会2015関西：2025年「不都合な未来」：https://

www.youtube.com/watch?v=fq8-FQ_T8c4

(9) 「人工知能と人間社会に関する懇談会　第1回議事録」(p. 19) では人工知能の定義問題を呼び掛けているほか (https://www8.cao.go.jp/cstp/tyousakai/ai/1kai/giji.pdf), 「人工知能と人間社会に関する懇談会　第5回議事録」(p. 14) では, 報告書で想定している社会像や課題の時間軸を明確化したほうが読者にはわかりやすいと提案した (https://www8.cao.go.jp/cstp/tyousakai/ai/5kai/giji.pdf).

(10) 森田朗氏の『会議の政治学』シリーズ (慈学社出版) は, 省庁の審議会の座長経験から, 審議会に参加される人たちのタイプや意見, 主張のテクニック, 会議進行における演出と振り付け, 意見集約時における根回しと会議での修正の方法, メディアとの付き合い方などが実体験をもとに記述されている. 森田氏も指摘されているが, 多様なステイクホルダーがそれぞれの立場から意見をいいつつも, それが「報告書」として上がってくるのは, 座長や事務局の方々の並々ならぬ努力が裏にあるからである.

(11) 浅川直樹「AIベンチャーの雄が総務省の開発指針に反対する理由」, 日経コンピュータ, 2017年4月10日 : https://tech.nikkeibp.co.jp/it/atcl/column/14/346926/040600923/

(12) アメリカ・プリンストン大学のArvind Narayanan教授は, 公平性 (faireness) の定義が21あるということを講義 (https://youtu.be/jIXIuYdnyyk) で紹介している.

(13) A Glossary for Discussion of Ethics of Autonomous and Intelligent Systems, Version 1, Prepared for The IEEE Global Initiative for Ethically Aligned Design : https://standards.ieee.org/content/dam/ieee-standards/standards/web/documents/other/eadv2_glossary.pdf

(14) 江間有沙, 秋谷直矩, 大澤博隆, 服部宏充, 大家慎也, 市瀬龍太郎, 神崎宣次, 久木田水生, 西條玲奈, 大谷卓史, 宮野公樹, 八代嘉美「育児・運転・防災活動, どこまで機械に任せるか : 多様なステイクホルダーへのアンケート調査」『情報管理』, **59**(5), 322-330 (2016).

(15) ロシアの研究者が同様のアンケート調査を行ったところ, 日露で大きな違いはなかったものの, 介護に関して日本のほうがロシアよりも機械化に好意的だった. その理由として, ロシアの平均寿命が日本よりも低いこと, 社会的にも介護ホームなどではなく家族が面倒を見るのをよしとする社会規範

が根強いことがあるのではないかと指摘された．また，ロシアはソ連時代から科学技術に対して積極的なテクノクラシーが人口の一定割合を占めるものの，ロシア正教など保守的な考えをもつ人たちとのあいだで，最先端技術に対する考え方が二分されているという文化的な背景も重要であることが紹介された．Beneficial AI Japan，［開催報告］「人と機械の適度な距離：ロボット・AI・人体改造」：http://bai-japan.org/2018/report0510-2/

(16) 江間有沙，長倉克枝「『倫理的に調和した設計』の論点整理」『情報法制研究』，第4号（2018）．

(17) ラングドン・ウィナー『鯨と原子炉』（吉岡斉，若松征男 訳，紀伊國屋書店，2000）．

(18) 河島茂生「新聞記事に見る人工知能やロボットの言説の変化」『人工知能』，**32**(**6**)，935-42（2017）．

江間有沙（えま・ありさ）

2012年、東京大学大学院総合文化研究科博士課程修了。博士（学術）。京都大学白眉センター、東京大学教養学部附属教養教育高度化機構特任講師を経て、現在、東京大学政策ビジョン研究センター特任講師。国立研究開発法人理化学研究所革新知能統合研究センター客員研究員、日本ディープラーニング協会理事。

専門は科学技術社会論。

DOJIN選書　080
AI社会の歩き方　人工知能とどう付き合うか

第1版　第1刷　2019年2月28日

検印廃止

著　　者　江間有沙
発 行 者　曽根良介
発 行 所　株式会社化学同人
600 - 8074　京都市下京区仏光寺通柳馬場西入ル
編集部　TEL：075-352-3711　FAX：075-352-0371
営業部　TEL：075-352-3373　FAX：075-351-8301
振替　01010-7-5702
https://www.kagakudojin.co.jp　webmaster@kagakudojin.co.jp
装　　幀　BAUMDORF・木村由久
印刷・製本　創栄図書印刷株式会社

ISBN978-4-7598-1680-8

DOJIN選書・好評既刊

音楽療法はどれだけ有効か
——科学的根拠を検証する

佐藤正之

認知症や失語症、パーキンソン病など、さまざまな疾患への活用が期待される音楽療法。その効果と限界をエビデンスから見きわめる。

ドローンが拓く未来の空
——飛行のしくみを知り安全に利用する

鈴木真二

空の産業革命を拓くと期待されているドローン。この魅力的な機械を安全に使いこなすために、知っておくべきことは何か。ドローンが飛び交う未来の空への展望。

宇宙災害
——太陽と共に生きるということ

片岡龍峰

人工衛星の墜落、『明月記』に残された赤気の記録、さらには大量絶滅と天の川銀河の関係まで。最悪の宇宙環境を探る、時空を超えた旅へ。

植物たちの静かな戦い
——化学物質があやつる生存競争

藤井義晴

植物がつくり出す化学物質によって、周りの植物の生育を妨げたり、促進したりする現象、アレロパシー。その驚きの効果から、動けない植物の生存戦略を探る。

柔らかヒューマノイド
——ロボットが知能の謎を解き明かす

細田耕

ヒューマノイドによるドア開け、二足歩行、跳躍などから、身体の柔らかさと知能の関係を考察。仮説を立てては検証を繰り返すロボット研究の醍醐味を伝える。

DOJIN選書・好評既刊

脳がつくる3D世界
——立体視のなぞとしくみ

藤田一郎

脳は、二次元の視覚情報から奥行きに関する情報を抽出して、三次元世界を心の中につくり出す。このときの脳の仕事を、最先端の研究まで紹介しながら読み解く。

情報を生み出す触覚の知性
——情報社会をいきるための感覚のリテラシー

渡邊淳司

情報と自分との関係を適切に判断するには、身体的な体験を通した理解が重要である。触覚と情報を結ぶ力を「触知性」と名づけ、情報への感受性のあり方を考える。

つくられる偽りの記憶
——あなたの思い出は本物か？

越智啓太

前世の記憶、生まれた瞬間の記憶、エイリアン・アブダクションの記憶といった、信じがたい記憶現象の背後にある心理的なメカニズムとは。最新の知見から読み解く。

地球の変動はどこまで宇宙で解明できるか
——太陽活動から読み解く地球の過去・現在・未来

宮原ひろ子

屋久杉や南極の氷は、太陽活動や宇宙環境のどんな姿を教えてくれるのか。地球46億年の変動を「宇宙気候学」で読み解き、地球理解の新しい視点を提供する。

絶対音感神話
——科学で解き明かすほんとうの姿

宮崎謙一

絶対音感は音楽的に優れた能力なのか。巷にあふれるさまざまな神話のほんとうの姿を、絶対音感研究の第一人者が、データに基づきながら解き明かす。